日本全国厳選 水族館38

自然のままの生き物と新しい感動に出会う

水族館プロデューサー
中村 元／監修
Hajime Nakamura

大洋図書

はじめに

水族館に行こう！　そう思うのはどんなときだろう？

水中世界への好奇心や憧れが芽生えたとき、水中できらめき躍動する生き物たちの美しさを想像したとき、水中の浮遊感を想像したとき。もっとありていに、暑いので涼を求めて、ただリラックスしたいからなどの理由で水族館を訪れる方はさらに多いはずだ。

もちろん、生き物マニアの方は特定の生き物に会うのが目的だろう。しかし水族館マニアと自認するみなさんの多くが、前述のそれぞれを水族館の魅力だと語ってくれた。

水族館のプロデュースを生業《なりわい》として、水族館のプロっぽく見られる私自身もそうだ。水中感のあふれる水槽の前に立つと仕事も忘れて、ダイビングの水中浮遊のイメージに包まれながら、海や川の広大な世界を感じ、躍動する生き物たちの命の輝きに感動し、水中世界から地球の息吹にまで思いをはせている。

私はそれらダイビングと同等の感覚「青い世界、きらめく命、揺らめく光、浮遊感、広大さ、躍動感、清涼感」などが強く感じられる水槽を『水塊（展示）』と名づけて評価すると同時に、生業の水族館プロデュースや展示開発においての最重要ワードにもしている。

だから本書の監修を依頼され、水族館を選ぶにあたっては、基本となる基準は『水塊』があるかどうかとした。**「チャプター２　水塊水族館」**は当然ながら、**「チャプター１　巨大水族**

館」と「**チャプター3　個性派水族館**」の多くにも私の大好きな『水塊』が存在する。

一方で、人口あたりの水族館数が世界最多と思われる日本では、水族館の個性も私の好物だ。地域によるこだわり、生き物のこだわり、展示方法のこだわり、それらが伝えてくれる情報は、新鮮で興味深くさまざまな好奇心を起こし、満足させてくれる。

個性に水族館の規模は関係なく、むしろ小規模な方が個性的になりやすい。そこで、巨大でも『水塊』推しでもないけれど、個性だけでも訪れる価値のある水族館を集めて「**チャプター3　個性派水族館**」のグループで紹介することにした。

久々に水族館に行ってみようかと思っているみなさん、いつもと違う水族館にも行ってみたいと考えはじめたみなさんにはおすすめのガイドができたと思う。

なお、写真はすべて私の撮影によるものだ。私が水族館でなにに感動し、多様な命たちのなにを愛おしく思っているのかを感じ取っていただけるはずだ。そしてその感覚はきっと、今あなたが水族館に求めていたものと一致するのではないかと期待している。

水族館プロデューサー　中村　元

［自然のままの生き物と新しい感動に出会う　日本全国厳選水族館38／目次］

CONTENTS

『自然のままの生き物と新しい感動に出会う　日本全国厳選水族館38』正誤表

上記書籍内の誤りについてお詫びと訂正をさせていただきます。

●36ページ「神戸須磨シーワールド」の位置に誤りがありました。正しくは下記になります。

（誤）

神戸須磨
シーワールド
Suma Aqualife Park
［兵庫県］

（正）

神戸須磨
シーワールド
Suma Aqualife Park
［兵庫県］

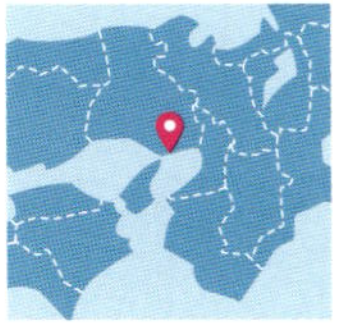

●76ページ「新潟市水族館　マリンピア日本海」の位置に誤りがありました。正しくは下記の場所になります。

（誤）

新潟市水族館
マリンピア日本海

（正）

新潟市水族館
マリンピア日本海

●85ページ「鶴岡市立加茂水族館」の位置に誤りがありました。正しくは下記になります。

（誤）

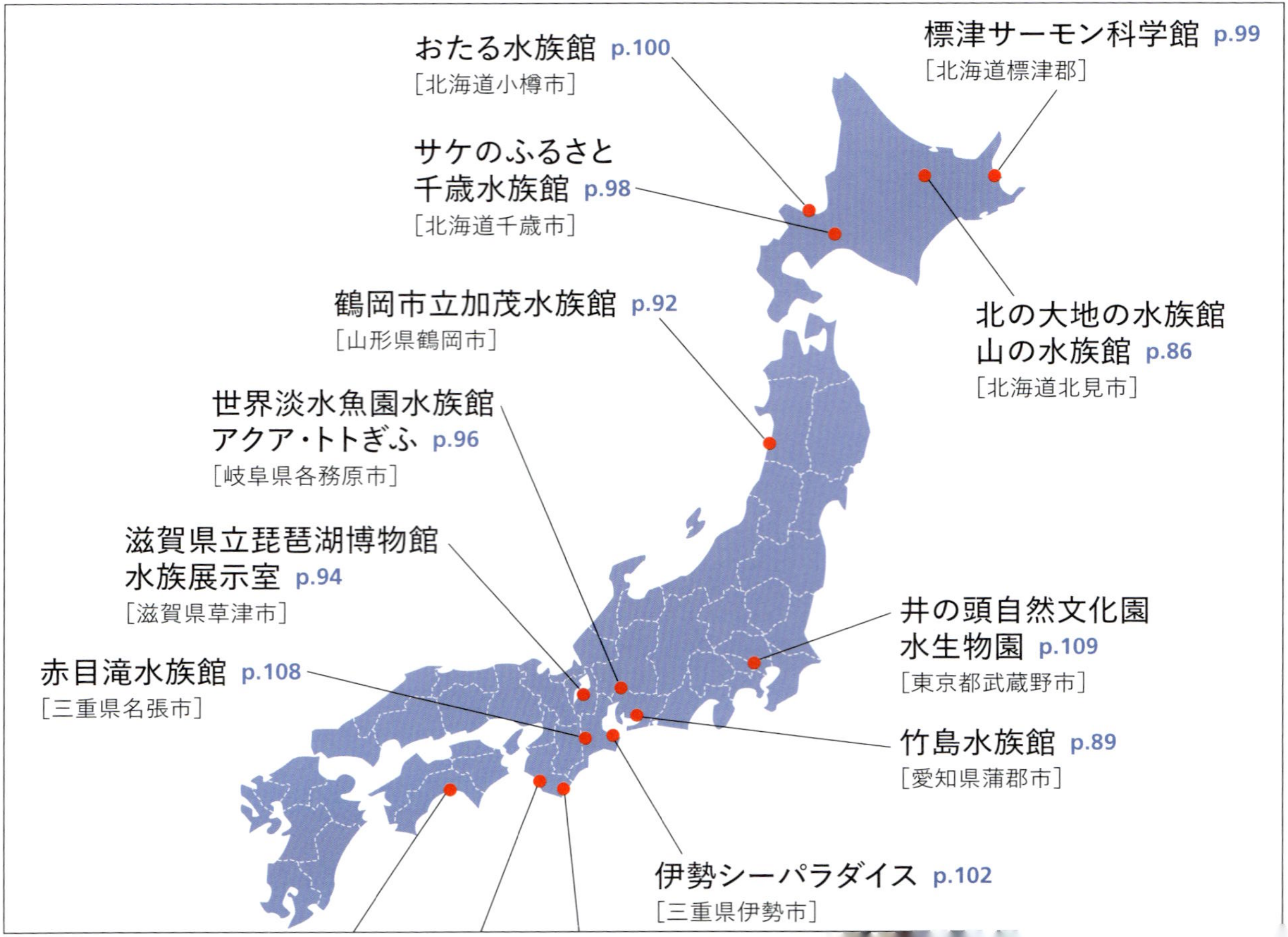

（正）

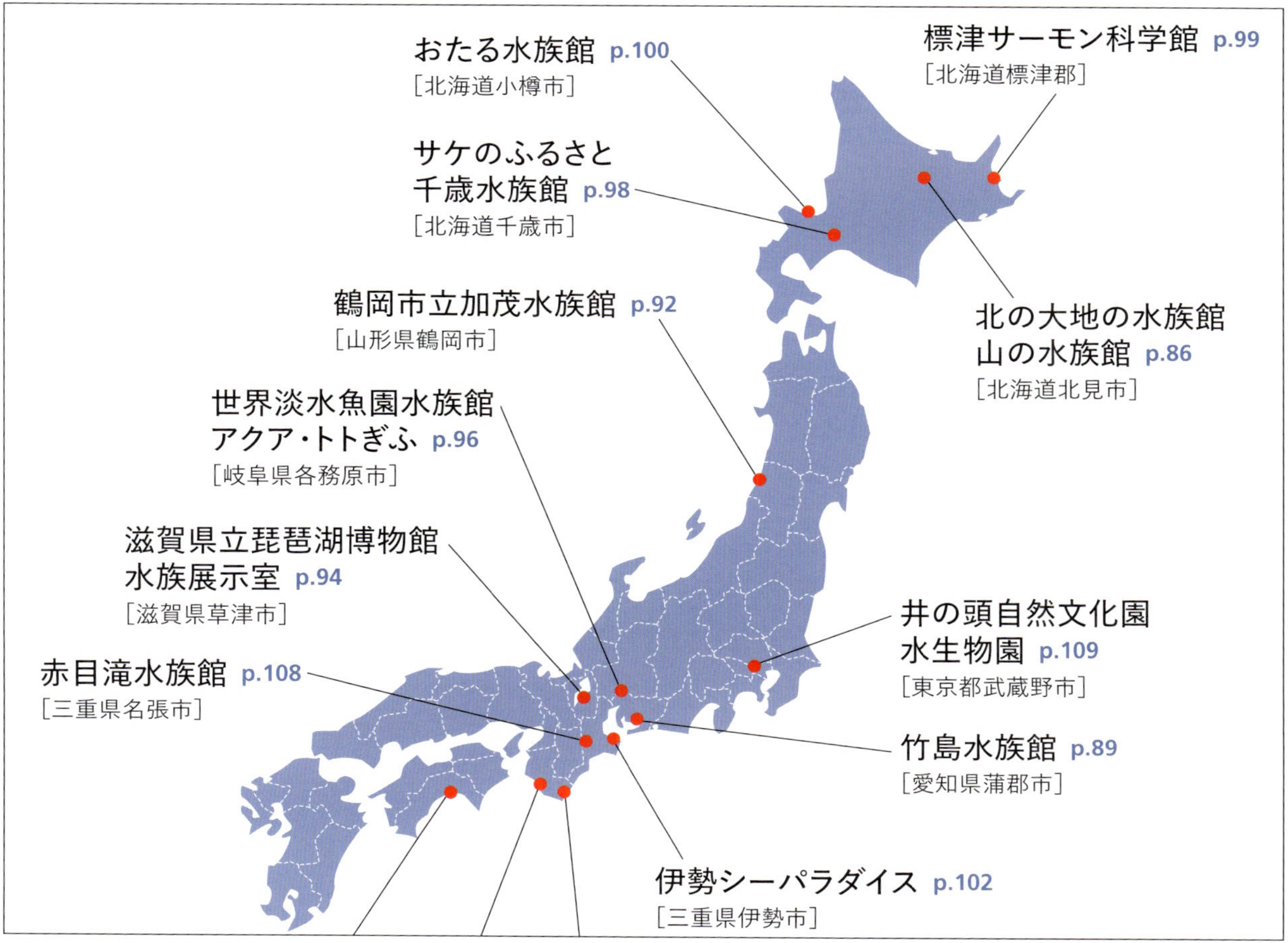

読者の皆様には大変なご迷惑をおかけし申し訳ございません。重ねてお詫びし訂正をさせていただきます。

●92ページ「鶴岡市立加茂水族館」の位置に誤りがありました。正しくは下記になります。

（誤）

（正）

Chapter 3

学んで楽しめる個性派水族館　85

本書の利用にあたって

●本書に記載の営業時間、料金などのデータは２０２５年３月調べのものです。予告なく変更される場合がありますので、各水族館の公式ホームページ等で事前にお確かめください。

●動物名や分類表記などは、できる限り各施設での表記に合わせて紹介するように努めましたが、一部については異なる場合もあります。

●文章や写真で紹介している生き物は、現在、展示していない場合もあります。

Chapter 1

一日中遊べる巨大水族館

沖縄美ら海水族館

圧倒的水量！日本最大の水族館

名古屋港水族館

Port of Nagoya Public Aquarium

［愛知県］

鯨類に会える北館

1992（平成4）年にオープンした南館と2001年に完成した北館の2つの施設からなる名古屋港水族館は、広さも水量も圧倒的に全国一位の日本最大水族館だ。訪れる際は最低でも2〜3時間、できれば丸一日楽しむ予定を組むのがいいだろう。

観覧は「35億年はるかなる旅〜ふたたび海へ戻った動物たち〜」がテーマの北館から。名古屋港水族館といえばシャチに会える水族館として人気だが、入館してすぐにシャチプールが目の前に広がる。巨大なシャチが観客の目の前に寄ってきてくれることもあり感動的。まだ観客に飽

北館「オーロラの海」ではシロイルカ（ベルーガ）に会える

「深海ギャラリー」深海生物も充実。魚はヒメ

「赤道の海」の巨大で美しいヒレシャコガイ

約3万5千匹のマイワシたちによる「マイワシ・トルネード」。春には桜色の水中照明を使うなど季節に合わせた演出も行われる

きていない開館すぐの朝の時間帯がおすすめだ。

北館でもう一つ推したいのは水中観覧席。ダイナミックなイルカパフォーマンスを3000人収容のスタンドから観るのももちろん楽しいが、パフォーマンススタジアムの下に位置している水中観覧席から観ると一層イルカたちの躍動する姿が美しく感じられる。

マイワシを狙うシイラ

南館は「南極への旅」

北館から連絡通路で繋がっている南館のテーマは「南極への旅」。名古屋港ガーデンふ頭に係留されている「南極観測船ふじ」がかつて南極へ向かった際のコースをたどるように、「日本の海」「深海ギャラリー」「赤道の海」「オーストラリアの水辺」「南極の海」とコーナーが展開する。

「日本の海」で最も目を引くのが「黒潮大水槽」。この水槽で行われる「マイワシ・トルネード」の迫力は圧巻。餌によって誘導されたマイワシの大群が創り出す一瞬のアートのような光景に感嘆する。

愛らしいイルカが間近に

大きなシャチが挨拶に来てくれたかのように目の前に

トレーナーとの絆を感じるシャチの公開トレーニング

約3千人収容のスタジアムを備える「メインプール」

「海の王者」と呼ばれるのも納得の雄大な姿に見惚れる

「南極の海」もじっくり観察してほしい。世界最大のペンギンであるエンペラーペンギンやアデリーペンギンなど南極大陸やその周辺の島々で暮らす4種類のペンギンが展示されているほか、南極の生態系を支えるナンキョクオキアミの展示などもある。ナンキョクオキアミを常設で展示しているのは名古屋港水族館だけなので、必見。

その他、クラゲの展示が幻想的な「くらげなごりうむ」など見どころは多い。

ナンキョクオキアミ

水中観覧席から見るイルカは迫力満点

圧倒的な水塊を泳ぐイルカは必見

ウミガメの繁殖でも有名

青く広い水中に頭上から太陽光が差し込み、イルカたちも気持ちよさそう

南極大陸や周辺に暮らす4種類の極地ペンギンを展示

冷たい水中には活発なジェンツーペンギンたちの姿が多い

ヒゲペンギンは見る位置で表情が変わる

魚たちを下から観察できる「赤道の海」のトンネル水槽

名古屋港水族館

☎052-654-7080
愛知県名古屋市港区港町1番3号
https://nagoyaaqua.jp/

営9:30～17:30(春休み～11月末)、9:30～17:00(12月～春休み前まで)
※GW、夏休み期間中は20時まで延長営業
休月曜日(祝日の場合は翌日)
料大人・高校生2,030円、小・中学生1,010円、幼児(4歳以上)500円　※期間限定の夜間料金あり
電地下鉄名港線「名古屋港」駅から徒歩5分
車名古屋高速道路「港明」ICから約10分
Pあり

縄文の森の「カワウソのふち」。絶滅前のニホンカワウソの暮らしをユーラシアカワウソで再現

アクアマリンふくしま

Aquamarine Fukushima

［福島県］

「人と地球の未来」を考え 環境水族館を宣言

自然光を取り入れた「ふくしまの川と沿岸」展示

水草の緑が美しい東南アジアの川

シーラカンス2種の標本も見られる「海・生命の進化」ゾーン

「サンゴ礁の海」にキンメモドキの大群が舞い泳ぐ。胸びれに反射する太陽の光がきらきらと美しい

裸足で水の中に入れる施設も

開業3年目の2003年に環境水族館宣言を行ったアクアマリンふくしま。その理念は「海を通して『人と地球の未来』を考える」というものだ。なるほど敷地内の随所に深い展示理念に裏打ちされた上質空間が広がっている。

メインゲートを入って最初に観覧する「わくわく里山・縄文の里」は縄文時代の自然環境を再現した屋外展示エリア。カワウソのかわいらしい姿が人気を集めているが、渓流や滝、湿地が配された空間そのものをぜひ楽しんでほしい。周囲に植栽された植物も縄文時代にあったものを植えているこだわりようだ。清々しい空気の中、はるか縄文の昔から連綿と続く人と自然の営みに思いを馳せたい。

なお、建物を挟んで敷地の反対側にはさらに広い屋外エリアがあり、こちらには磯・干潟《ひがた》・浜を再現した「蛇の目ビーチ」、小川や池を再現した「BIOBIOかっぱの里」などがある。子どもたちが裸足で水の中に入って自然観察を楽しんでいる。

キンメモドキの下にはチンアナゴ

「潮目の海」大水槽は三角トンネルを挟んで、暖かい黒潮水槽と冷たい親潮水槽が並ぶ

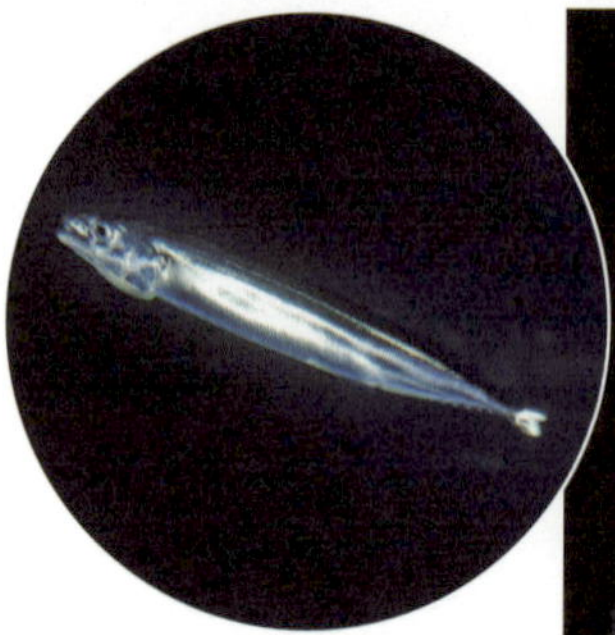
サンマだが水族館で見られるのはここだけ。世界初の人工繁殖に成功した

観客に人気の巨大なミズダコ

「潮目の海」の親潮水槽

「潮目の海」がテーマ

アクアマリンふくしまの展示テーマは、親潮と黒潮が出会う太平洋の「潮目の海」。それを視覚的にもわかりやすく展示しているのが三角形のアクリルトンネルを持つ大水槽だ。右が黒潮水槽、左が親潮水槽となっていて、1秒間に数千万トンもの水流を運ぶという黒潮の海を再現した水槽には、カツオやマイワシの群れなど力強く泳ぐ外洋の魚たちが展示されている。一方の親潮水槽はプランクトン豊富で生命力豊かな三陸の海を再現し、大きく育った海藻やマボヤなどを観ることができる。

この大水槽前に「寿司処」がある

寿司処「潮目の海」でにぎり寿司を堪能

親潮の北海に棲む珍しい生き物たち

親潮アイスボックスのコーナーには、北海道の冷たい海底に棲む不思議な生き物がたくさん。こちらはアバチャン

愛らしいナメダンゴに心奪われる

大陸棚の海底にうごめくタカアシガニ

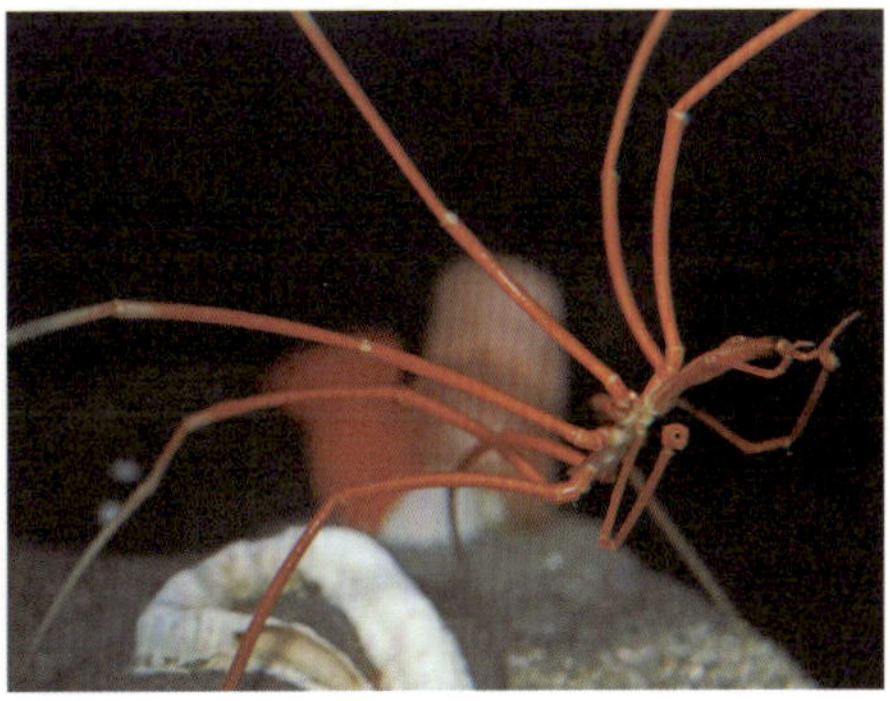

親潮アイスボックスのベニオオウミグモ

のがいかにも日本人の「いただきます」文化を象徴していて面白い。世界人口増と海洋資源の持続可能な利用のメッセージを伝えるのも水族館の重要な役割と考えて、資源量の安定したネタを使用しているとのことだが、なかなかに本格的なにぎり寿司で美味しい（土日祝のみ営業、11〜15時）。

潮目の海を感じる展示としてもう一つ見逃せないのがサンマだ。サンマは黒潮と親潮の両方を回遊し、潮目付近が好漁場になる。福島県は全国有数のサンマ水揚げ量を誇り、アクアマリンふくしまでは開館当初からサンマの展示を続けている。

アクアマリンふくしま
☎0246-73-2525
福島県いわき市小名浜字辰巳町50
https://www.aquamarine.or.jp/

営 9:00〜17:30（3月21日〜11月30日）、9:00〜17:00（12月1日〜3月20日）　※入館は閉館の1時間前まで。GW、お盆期間中などに開館時間延長あり
休 無休
料 大人1,850円、小〜高校生900円、未就学児無料
電 JR常磐線泉駅から小名浜・江名方面行きバスで「イオンモールいわき小名浜」下車、徒歩約5分
車 常磐自動車道いわき湯本ICから約20分
P あり

ジンベエザメが悠々と泳ぐ超巨大な海の宮殿

沖縄の海の魅力を凝縮

沖縄の広い空に浮かぶジンベエザメのモニュメントが出迎えてくれる沖縄美ら海水族館。館内に入ると沖縄の海そのもののような明るいサンゴ礁の水槽が広がっている。この水槽には屋根がなく、沖縄の太陽の光がそのまま降り注いでいる。そして目の前の海から絶えず新鮮な海水が供給されているというのだから実際に限りなく海に近いのだ。真っ白な砂が敷き詰められた海底にサンゴが大きく育ち、色鮮やかな魚たちが楽しげに泳ぐ様子に心奪われる。

沖縄美ら海水族館は3階から入館して下へ下へと降りて行く順路。2階はいよいよ「美ら海といえば！」のジンベエザメとマンタが泳ぐ大水槽だ。「黒潮の海」大水槽は、深さ10メートル幅35メートル奥行き27メートル水量7500トンという巨大さ。

ナンヨウマンタが群泳し、大きなジンベエザメが複数動き回っても窮屈さはまったく感じない。正面の巨

沖縄美ら海水族館

Okinawa Churaumi Aquamarium

［沖縄県］

大なアクリルパネルから眺めるもよしアクリルトンネルの「アクアルーム」から眺めるもよし、ゆっくりと時間をとって水塊を堪能したい。ここでしか出会えない全身が黒い「ブラックマンタ」も必見。

ダイビングしているかのような臨場感を楽しめる圧倒的な水塊。ジンベエザメは世界最長飼育記録を更新中だ

巨大な水槽に太陽光が差し込むと沖縄の海が再現される

「アクアルーム」で頭上にマンタが来た！

美ら海
沖縄の美しい海

沖縄の太陽のもと、生きたサンゴ礁が広がる

危険ザメの水槽のイタチザメ

スミツキアトヒキテンジクダイの群れ

美しいヤシャベラ

輝くオニカマスの群れ

サンゴ礁の洞窟

深海展示、屋外展示も充実

サンゴ礁の明るいイメージとは一転、暗く静かな深海の展示もボリュームたっぷりで見どころの一つ。約130種の生き物のほとんどが沖縄周辺の水深200メートル以深から採集された貴重なものだ。

新種や初記録種の希少生物も多い。人が潜って観ることのできない深い海で生きる小さな生き物たち一つひとつに生命の不思議と神秘を感じる。水深300メートル以深を再現した大きめの水槽ではハマダイやハコエビ、ノコギリザメなどを観ることができる。

館内を満喫したら屋外の施設にも立ち寄ろう。ミナミバンドウイルカとオキゴンドウのパフォーマンスが楽しめる「オキちゃん劇場」、沖縄近海に暮らすウミガメを水上と水中から観察できる「ウミガメ館」、アメリカマナティーを展示している「マナティー館」、イルカを間近で観察できる「イルカラグーン」がある。

これらはすべて海洋博公園の無料エリアに点在している（イルカラグーンの給餌体験は有料。1セット500円）。

深海ゾーン　沖縄は深海に囲まれている

ヤギに付着したコトクラゲ

日本最大級の深海大水槽

生きた化石リュウグウオキナエビス

大きな目が特徴的なオキナワクルマダイ

無料で楽しめる屋外ゾーン

屋外には産卵場つきのウミガメ水槽

美ら海に浮かぶ伊江島を背景に「オキちゃん劇場」

「マナティー館」で会えるアメリカマナティー

沖縄美ら海水族館
☎0980-48-3748
沖縄県国頭郡本部町字石川424番地
https://churaumi.okinawa/

営8:30～18:30
※入館は閉館の1時間前まで。GW、夏休み期間中など延長営業あり
休無休（台風等による臨時休館を除く）
料大人2,180円、高校生1,440円、小・中学生710円、6歳未満無料
電那覇空港から、高速バスで約2時間30分
車沖縄自動車道「許田」ICから約27km
Pあり

オキちゃん劇場の主役オキゴンドウ

横浜・八景島シーパラダイス

Yokohama Hakkeijima Sea Paradise

［神奈川県］

まさに海のパラダイス！

横浜・八景島シーパラダイスは水族館だけでなくアトラクションやレストラン、数々のショッピングストアなどを含んだ総称だが、水族館エリア（アクアリゾーツ）だけでも「アクアミュージアム」「ドルフィンファンタジー」「ふれあいラグーン」「うみファーム」と4つの施設を持つ。とにかく巨大で水族館で観られるもの、楽しめることならほぼなんでもあるといった趣《おもむき》だ。

メインとなるのは700種類12万点の生き物たちが暮らす「アクアミュージアム」。コンセプトは「海と森のつながり」で、5階建ての館内に「LABO1」から「LABO11」ま

海獣の種類も豊富で水族館の楽しさいっぱい

でそれぞれにテーマが異なる展示を展開している。サンゴ礁の水槽や5万尾《まんび》のイワシが泳ぐ大水槽も圧巻だが、やはりここではホッキョクグマやセイウチ、いろいろなペンギンの仲間たちなど人気者が勢揃いするLAB04「氷の海にくらす動物たち」が楽しい。

バンドウイルカやカマイルカ、シロイルカ、セイウチ、ケープペンギンなどのパフォーマンスが観られるライブスタジアムがあるのもアクアミュージアム内だ。動物たちとトレ

「氷の海にくらす動物たち」のペンギン

牙が立派なセイウチ

水族館で初めてホッキョクグマを展示

イルカたちのジャンプ

ショーにはアシカやセイウチも登場

イルカや海獣たちのパフォーマンス

ドルフィンファンタジーの奥にはマンボウ

屋根のない水槽に自然光が降り注ぐ「ドルフィンファンタジー」。水中からイルカ越しに空を見ることができる

アクアミュージアムには巨大な水槽

音楽に合わせて「スーパーイワシイリュージョン」が行われる大水槽

ーナーによるダイナミックなショーは見逃せない。

子どもから大人まで楽しめる

アクアミュージアム以外の3館もそれぞれに魅力的だ。特に「ドルフィンファンタジー」は、イルカと一緒に海底散歩をしているかのような空間でおすすめ。アーチ型の水槽上部には屋根がなく自然の陽光が降り注いでいる。青空をバックに頭上を泳ぐイルカをいつまでも見上げていたくなるだろう。

「ふれあいラグーン」は、人と生き物たちとの仕切りをできるだけ取り払い〝ふれあい体験〟が楽しめる施設。オタリアやアザラシなどの水槽やパフォーマンス広場もある鰭脚《ひれあし》ゾーンでは動物にタッチしたり一緒に記念写真を撮ることもできる（有料）。他に、水槽のガラスの高さを低くしたホエールオーシャン、東京湾を再現したプールに実際に入って生き物たちとふれあえる魚類ゾーンなどがある。

「うみファーム」は、魚釣りをして釣った魚を食べるプログラムがメイン（魚釣り500円、調理代は魚種により異なる）。子どもの食育にうってつけの施設だ。

サメは多い。アカシュモクザメ

揺れるコンブにたたずむ魚

大水槽の中を通る水中トンネルエスカレーター

「ふれあいラグーン」では海獣やイルカたちとのふれあいイベントがある

サンゴ礁の魚たち

「ふれあいラグーン」のアザラシ

横浜・八景島シーパラダイス
☎045-788-8888
神奈川県横浜市金沢区八景島
https://www.seaparadise.co.jp/

営10:00〜17:30、10:00〜18:30(土日祝) ※入館は閉館30分前まで。施設・アトラクションにより営業時間が異なるため詳細は公式HPで確認を
休無休
料大人・高校生3,500円、シニア(65才以上)3,000円、小・中学生2,200円、幼児(4歳以上)1,200円
電シーサイドライン八景島駅から徒歩すぐ
車首都高速湾岸線幸浦出口から約1.5km
Pあり

コツメカワウソと握手もできる(要事前予約・有料)

熱帯雨林の巨大魚たち

飼育生物種は日本一！ここでしか会えない希少生物も

国内の水族館でラッコに会えるのはここだけ。人気の高まりを受けて見学時間は1回1分に限定されている

鳥羽水族館

Toba Aquarium

［三重県］

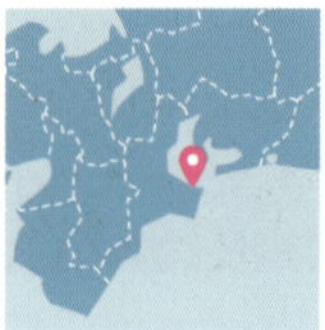

国内唯一のジュゴン、ラッコ

日本で2番目にラッコの飼育を開始し、初の出産成功などでラッコブームの火付け役となった鳥羽水族館。最盛期には国内の多くの施設に122頭もいたラッコだが、ワシントン条約で国際取引が規制されたことから徐々にその数を減らし、今では国内の水族館でラッコに会えるのは鳥羽水族館の2頭だけとなった。愛らしい仕草がSNSでも人気を集めているが、やはり会える間に実際に足を運んでもらいたい。

ここでしか会えないもう一つの生き物がジュゴンだ。人魚伝説のモデルとされる海牛類で、丸々としたフォルムとつぶらな瞳で穏やかに泳いだり、のんびりと餌を食べている様子に癒やされる。

海牛類はアフリカマナティーもいて、2種類を展示しているのは世界的にもここだけ。希少な生き物たちをじっくり観察しよう。

飼育生物種約1200種と日本一を誇るだけあって、希少生物たちだけでなく、トドやセイウチ、オットセイ、アザラシ、ペンギンなど水族館の人気者も勢揃いしている。ここには順路がないので、気の向くまま

人魚伝説のモデルとされる海牛類、ジュゴン（左）とアフリカマナティー（右）がいるのも日本唯一

貴重な生き物たちが勢揃い！

伊勢湾のスナメリ。スナメリ飼育の歴史は60年を超える

いろいろな生き物たちに会いに行こう。アシカショーやセイウチとのふれあいタイムも設けられている。

ミシシッピーワニ。水辺の両生ハ虫類も多い

日本初展示だったイロワケイルカ

12の独立したテーマによってゾーン分けされている

サンゴ礁の海に潜ったように感じる「コーラルリーフ・ダイビング」

観覧順路はないからどこから見てもOK

生きたサンゴ礁が本物の海を感じさせる

シードラゴンの展示も鳥羽水族館から始まった

環境づくりにこだわった展示

館内は12のテーマに沿ってゾーン分けされているが、それぞれに環境を再現した展示手法が見事だ。サンゴ礁の海に潜る「コーラルリーフダイビング」、大きな滝や急流を配した「日本の川」など、自然からそのまま切り取ってきたかのような光景が楽しめる。

オウムガイやカブトガニ、生きた化石といわれるサメなどが観られる「古代の海」では太古の昔に思いを馳せ、スナメリなどがいる「伊勢志摩の海・日本の海」では鳥羽水族館のある近海の環境を知り、深海に棲むダイオウグソクムシなどが観られる「へんな生き物研究所」では見慣れない不思議な生き物たちに驚嘆する。

あたかも12個の小さな水族館を観てきたかのような満足感を味わえる水族館だ。

ショーやお食事タイムで海獣を満喫

大人気のラッコのお食事タイム

多彩な演技が楽しいアシカショー

間近でセイウチとふれあえる

「ジャングルワールド」のピラルクー

「伊勢志摩の海」にはおいしそうな魚たち

「古代の海」のオウムガイ

鳥羽水族館
☎0599-25-2555
三重県鳥羽市鳥羽3-3-6
https://aquarium.co.jp/

営9:30～17:00、9:00～17:30(GW、8月)
※入館は閉館1時間前まで
休無休
料大人2,800円円、小・中学生1,600円、幼児(3歳以上)800円
電JR・近鉄鳥羽駅から徒歩約10分
車伊勢自動車道「伊勢」ICから約15分
P あり

人工滝と緑の植栽が美しい「日本の川」

マイワシの群れやトビエイたちが躍動感あふれる姿を見せてくれる「瀬戸内海水槽」のトンネル

市立しものせき水族館 海響館

Shimonoseki Kaikyokan

［山口県］

関門海峡の渦潮再現とフグが見もの

2階から入館し、エスカレーターで4階へ。最初に出会う水槽は、関門海峡大橋を借景にした「関門潮流水槽」の上部だ。水面が海峡に繋がっているかのようなここならではの景色に心躍る。

水中トンネルを潜り「関門潮流水槽」の正面へ立つと、その名のとおり潮流を再現した光景が目に飛び込んでくる。水槽の中で定期的に渦潮が発生し、泡立つ白波の下で魚たちが生き生きと群れをなしている。実際の海にもこんな光景が広がっているのだろうかと想像が膨らむ画期的な展示だ。

そして、下関といえばやっぱりフグ。フグ目魚類の展示では世界一の種類数を誇り、ありとあらゆる種類のフグが観られるが、目玉はもちろんトラフグだ。高級食材という先入観もあってか堂々とした泳ぎをついついありがたく眺めてしまう。

マンボウもフグの仲間

虫食い状の斑紋があるムシフグ

箱型のハコフグ

アニメ風のポーキュパインフィッシュ

関門海峡、フグ、ペンギン…
下関らしさを感じられる展示の数々

イースタンスムースボックスフィッシュ

豪州のショーズカウフィッシュ

ふぐの王様トラフグ

「ペンギン村」は国内最大級のペンギン展示

左・水深6m、水量約700㎥の水中をジェンツーペンギンたちが編隊を組んで飛ぶように泳ぎ回る
下・屋上の温帯ゾーンは「フンボルトペンギン特別保護区」に認定されている

ペンギンの泳ぐスピードにビックリ！

亜南極ゾーンのペンギンプールにはジェンツーペンギンのほかキングペンギンなど4種のペンギンが暮らしている

躍動するペンギンに感動

下関は南極捕鯨の基地だったことから捕鯨船が連れ帰ったコウテイペンギンからペンギン飼育の歴史が始まったという。下関市の鳥に指定されているのもペンギンだ。下関といえばペンギンでもあるのだ。

海響館のペンギン展示施設は国内最大級。ことに亜南極ゾーンのペンギン水槽は深さ6メートル水量700トンというスケールの大きさで、ジェンツーペンギンがときに数十羽の大群で水中を飛行するように泳ぎ回る「ペンギン大編隊」は迫力満点。深さのある広い水槽を持つこの水族館でしか観られない貴重な光景だ。

温帯ゾーンのフンボルトペンギンの展示エリアもいい。野生の生息地の環境が再現されており、地理の国立公園から生息域外重要繁殖地として認定もされている。巣穴に潜ったりのんびり日向ぼっこをしたり、思うままに暮らしているペンギンたちを観察できる。

さて、そんな海響館だが2025年3月現在、全館休館中で再開は夏頃の予定。老朽化に伴う修繕を主な目的としての休館だが、再開時には

関門海峡を背に海獣ショー

下関市は鯨のまちだったことを物語る美しい湾を背景にアシカとイルカが共演

関門海峡潮流水槽には左右から強い潮流が発生して、魚たちの動きは活発だ

海峡付近のスナメリ。バブルリングで遊ぶ

「サンゴ礁の生き物」のコーナー

これまでになかったカリフォルニアアシカの展示繁殖施設がオープン予定だという。さらに魅力を増した海響館に行くのが待ちきれない。

「ペンギン村」亜南極ゾーンの水塊

市立しものせき水族館 海響館
※2025年夏頃まで休館中
☎083-228-1100
山口県下関市あるかぽーと 6番1号
https://www.kaikyokan.com/

営9:30～17:30　※入館は閉館の30分前まで
休無休
料大人・高校生2,090円、小・中学生940円、幼児（3歳以上）410円
電JR鹿児島本線下関駅からバス約5分「海響館前」下車すぐ
車中国自動車道「下関」ICから約15分
Pあり

サメにこだわる水族館は なんと60種のサメを飼育

水槽に張り出した観覧ギャラリーから「出会いの海」の大水槽を望む。まるで潜水艇の窓から観察しているよう

アクアワールド茨城県大洗水族館

Aquaworld Oarai

［茨城県］

大きな専用水槽を悠々と泳ぐマンボウ

サメはこの水族館のシンボルだ。シロワニ

サンゴ礁水槽のソウシハギ

トラフザメ。夜行性でおとなしい性質

キアンコウ。あんこう鍋は大洗を代表する冬の名物料理だ

レモンザメの精悍な姿

”生きている化石”を鑑賞

大小60の水槽に580種6万800点の生き物を展示する巨大水族館だが、何よりこだわっているのがサメの展示。シンボルマークにもサメをあしらっている。サメは他の魚類が硬い骨を持つ硬骨魚であるのに対して、全身の骨格が軟骨で構成されている軟骨魚だ。太古の昔からこの形態を保っていると考えられ、”生きている化石”とも呼ばれる。

アクアワールド茨城県大洗水族館のサメの飼育種類数は60種にものぼる。これはもちろん日本一の多さだ。一口にサメといっても、その形や大きさは千差万別で、サメにこれほどの多様性があったのかと驚かされる。

もう一つ力を入れているのが、サメの大きな水槽の向かいにあるマンボウの展示。マンボウ専用水槽としては日本一の大きさの広い水中をのんびりゆったり泳ぐ姿が剣呑な顔つきのサメと好対照をなしていて見飽きない。館内は9つのエリアにゾーン分けされていて、サメとマンボウがいるのは「悠久の海ゾーン」だ。

約2万匹のイワシパフォーマンス

「出会いの海」の大水槽ではイワシのパフォーマンスも行われる。音楽と光の演出が幻想的

大陸棚の生き物たち 深海生物が充実している

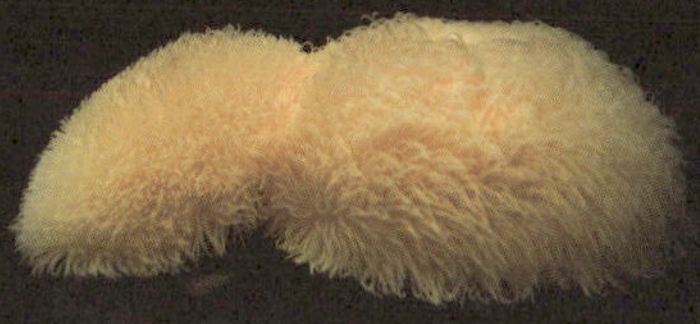

深海のダーリアイソギンチャク

深海の巨魚オオクチイシナギ

クラゲ展示は最近拡大された

深海のミズヒキガニ

深海のカガミダイ

北海道で八角と呼ばれるトクビレ。背びれが美しい

アクアワールド茨城県大洗水族館
☎029-267-5151
茨城県東茨城郡大洗町磯浜町8252-3
https://aquarium.co.jp/

営 9:00～17:00（季節により異なる）
※入館は閉館の1時間前まで
休 6月と12月に休館日あり
料 大人2,300円、小・中学生1,100円、幼児（3歳以上）400円
電 鹿島臨海鉄道大洗鹿島線「大洗」駅から循環バスで約15分
車 北関東自動車道「水戸大洗」ICから約15分
P あり

アイヌ語で「くちばしの美しい」鳥という意味のエトピリカ

シーワールドが関西に上陸！
圧巻のシャチパフォーマンス

神戸須磨シーワールド

Suma Aqualife Park

［兵庫県］

鴨川シーワールドの世界が須磨に誕生。海の王者シャチが迫力ある巨体でジャンプし、トレーナーには優しく寄り添う。その運動能力と賢さに感動するだろう

かわいい海獣たちも勢揃い！

アクアライブの「ロッキーライフ」エリアではアザラシ、アシカ、ペンギン、ウミガメの水中と陸上の姿を観察できる

自然光を浴びて泳ぐウミガメ

間近でイルカの泳ぐ姿を見られる「ドルフィンホール」

白砂のラグーンを再現した「トロピカルライフ」

最新の巨大水族館

神戸須磨シーワールドの前身は神戸市立須磨海浜水族園だった。

1987年に日本の巨大水族館ブームの先駆けとしてオープンした同園は「生きざま水族館」をテーマに当時としては画期的な造波装置を使った水槽展示などを行っていたが、2023年5月31日に惜しまれつつ閉館。そして2024年6月1日に神戸須磨シーワールドがオープンした。

コンセプトは、『つながる』エデュテインメント水族館」。〝エデュテインメント〟とは、学び（エデュケーシ

瀬戸内海から外洋、サンゴ礁まで 海の保全を訴える

海のゆりかごアマモ場が美しく再現されている。日本最大規模で圧巻

近年、消滅の危機にあるサンゴ礁の保全を伝える「コーラルメッセージ」

頭上に覆いかぶさる大水槽に外洋の魚たちが泳ぐ

ョン）と遊び（エンターテインメント）を融合した近年に生まれた造語。なるほど、大迫力のパフォーマンスや豊かな展示から海の世界との繋がりを体感できる水族館だ。

魅力的なオルカスタディアム

絶対に見逃せないのがシャチ（オルカ）のパフォーマンス。白と黒のコントラストが美しい大きな体は泳いでいるだけでも海の王者の風格があるが、トレーナーと一体になったパフォーマンスではさらに賢さやコミュニケーション能力、スピード、力強さといったシャチならではの特性を感じられる。

シャチのパフォーマンスが観られる「オルカスタディアム」の1階にはブッフェレストラン「ブルーオーシャン オルカスタディアム」があり、こちらではシャチが水中を泳ぐ姿を眺めながら食事ができる。兵庫県の食材を使った地産地消のメニューが揃う本格的なレストランだ。1カ月前から来館当日朝9時までの予約制なので、事前の

ニシキヤッコ

地元の水景も大切にしている

滝と苔ではじまる六甲水系の河川

地元明石といえばタコ。日本最大のタコ水槽でマダコが大暴れ

ペンギンエリアはマゼランペンギンが生息する南アメリカ大陸をイメージして環境を再現

日本の川の風景に心和む

観覧者を見にきたペンギン

手配をお忘れなく（80分制、大人4000円〜）。

イルカや海獣、水槽展示も

イルカのパフォーマンスやイルカが水中を泳ぐ姿を観覧できる「ドルフィンスタディアム」、いわゆる水族館らしい水槽展示やアシカ、アザラシ、ペンギンたちが暮らす「アクアライブ」もある。

アクアライブの1階には、前身の須磨海浜水族園で飼育されていた淡水魚の一部を無料展示する「スマコレクション」があり、かつての面影を感じることもできる。

神戸須磨シーワールド
☎078-731-7301
兵庫県神戸市須磨区若宮町1丁目3-5
https://www.kobesuma-seaworld.jp/

営10:00〜18:00（〜19:00の日あり）※入館は閉館の1時間前まで
休2025年11月16日、12月17・18日、2026年1月20・21・22日。※以降未定
料大人・高校生2,900円〜3,700円、小・中学生・幼児（4〜6歳）1,700円〜1,800円、シニア（65歳以上）2,300円〜3,100円　※時期により異なる
電JR「須磨海浜公園」駅から徒歩約5分
車阪神高速3号神戸線「湊川」ICから約15分　Pあり

玄界灘から奄美大島まで九州の海のすべてを展示

玄界灘の荒磯に打ち付ける波を下から眺める

マイワシの魚群をサメが突っ切る「九州の外洋」大水槽

マリンワールド海の中道

Marine World Uminonakamichi

［福岡県］

近海から外洋へ、圧巻の展示

九州最大の水族館として九州全域の海を展示テーマにするマリンワールド海の中道。玄界灘から奄美大島の海、さらには海を育む川の源流までを網羅し、九州の水辺をすべて体感できる施設となっている。

入館して最初に出会う水槽は「九州の近海」だ。東シナ海、太平洋、日本海、瀬戸内海の4つの海に囲まれ、全県が海に面した九州各地の海を再現している。特に目を引くのが玄界灘の荒磯を再現した展示。水槽に差し込む光が美しいが、ふいに轟音と共に頭上から大波が打ちつけ、水中に白泡が立って光が遮られる。波と泡に翻弄される銀色の魚群と相まって目を奪われる光景だ。

この水槽から連なるように「九州水の森」の展示が出現する。阿蘇の湧水池を再現した清涼感あふれるエリアで、森から海へと続く水の流れを感じられる。

水族館の中央に位置するのは「九州の外洋」大水槽だ。黒潮が流れる九州南部の温暖な海を再現し、水深7メートルの深さを使って上層、中層、低層とそれぞれに暮らす生き物たちの姿を観せてくれる。大きなシ

サンゴ礁の陰に群れるキンメモドキ

巨大なシロワニ。外洋大水槽は深さが特徴

美しいナポレオンフィッシュ

奄美のサンゴ礁の海を再現

九州の多様な水景と特徴的な生き物たち

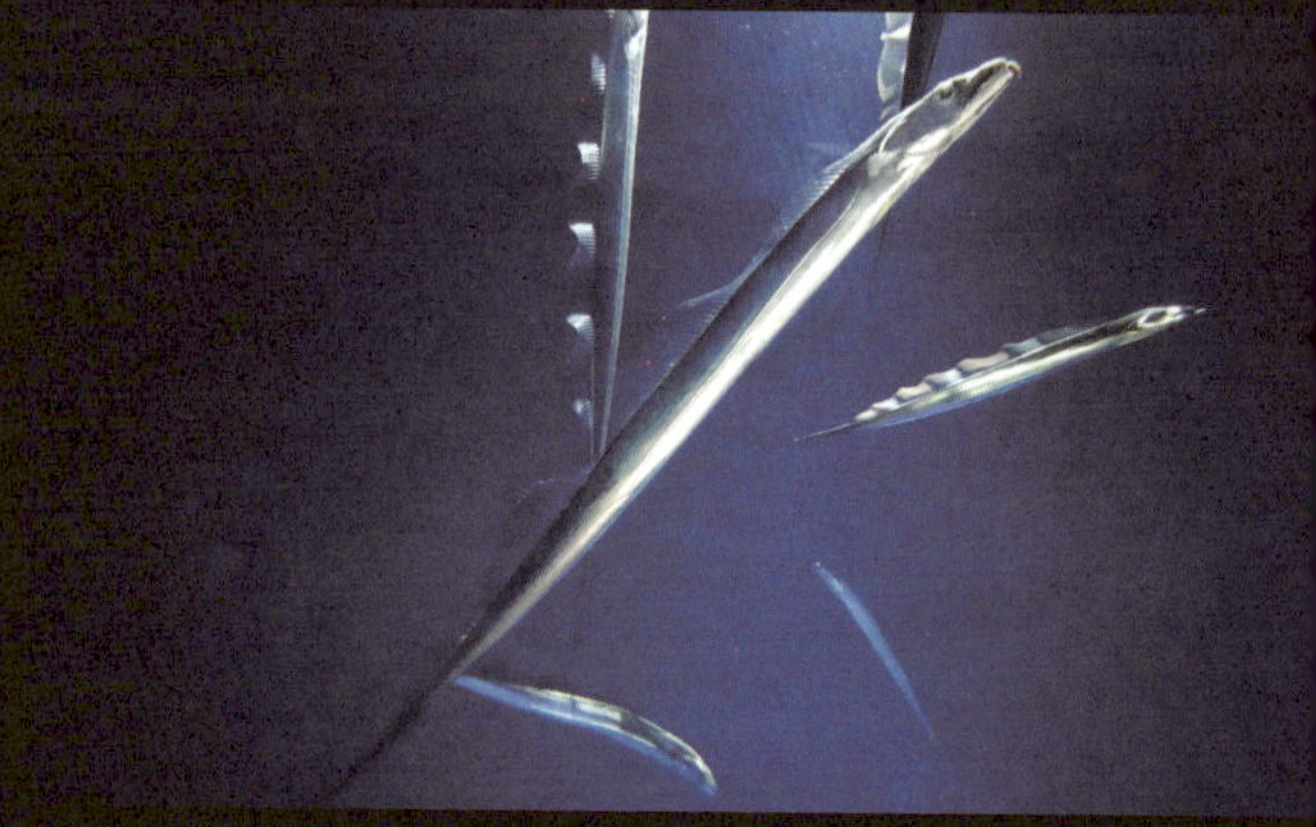

大分県のブランド魚タチウオ

佐賀県の代表は呼子のイカ。写真はアオリイカ

鹿児島県錦江湾には深海が存在する

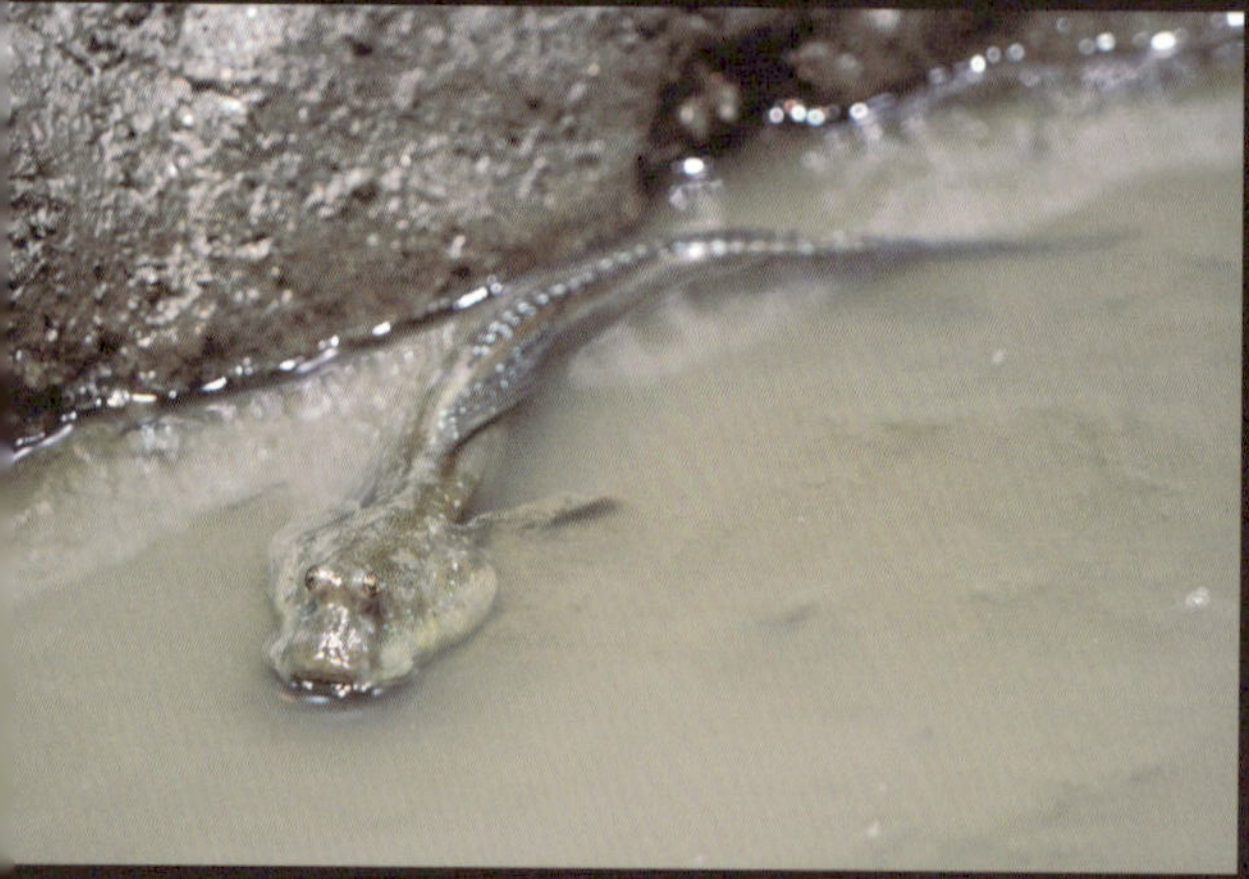

有明海の潟を再現した水槽にはムツゴロウ

ゆったりとした時間が流れる「九州のクラゲ」エリア

ロワニがマイワシの群れを横切って悠然と泳ぐ様子は本物の海さながら。

アシカに会えるかいじゅうアイランド

博多湾を借景にした開放的なスタジアムでは迫力満点のイルカショーが楽しめる。アシカのステージは観覧席の目の前にあって間近で観られるのもうれしい。

本館を出た屋外エリアには、アシカとアザラシ、ペンギンが暮らす「かいじゅうアイランド」がある。海獣プールへ突き出した5面すべてがアクリル張りの透明な観覧室「うみなかキューブ」でチューブを通るゴマフアザラシを観察したり、さまざまな角度から動物たちに親しめる。

ケープペンギンが芝生の丘を縦横に駆け回る様子を観られる「ペンギンの丘」もいい。太陽の下、緑の中でペンギンたちが実に気持ちよさそうだ。

アザラシが目の前を通り抜ける

ゴマフアザラシとアシカに会える「かいじゅうアイランド」で水塊に包まれる

九州のスナメリは小さくて可愛い。バブルリングを出して得意気

博多湾を背景にしたショープール

マリンワールド海の中道
☎092-603-0400
福岡県福岡市東区大字西戸崎18-28
https://marine-world.jp/

営 9:30～17:30、9:30～21:00（GW、夏期）、10:00～17:00（12月～2月）　※入館は閉館の1時間前まで
休 2月第一月曜とその翌日
料 大人・専門学生・大学生・高校生2,500円、シニア（65歳以上）2,200円、小・中学生1,200円、幼児（3歳以上）700円
電 JR香椎線「海ノ中道」駅から徒歩5分
車 都市高速6号線「アイランドシティ出口」から約15分
P あり

緑の広い芝生で活発に走るケープペンギン

ジンベエザメに出会える日本海側最大の水族館

大きな口で豪快に吸い込む迫力満点の食事シーン

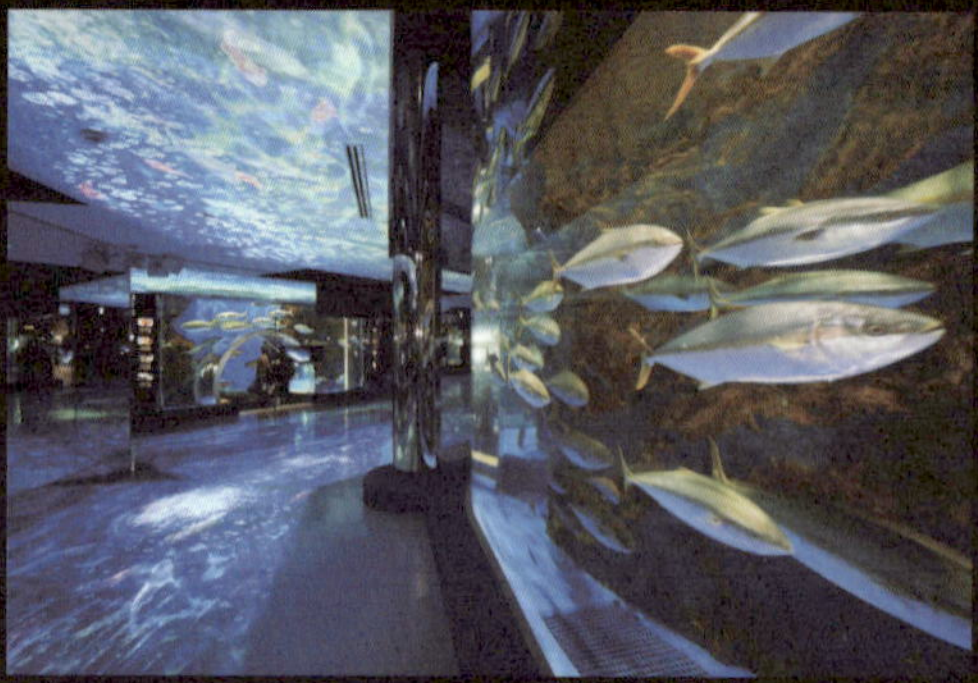

プロジェクションマッピングが水中感を増幅

水塊感たっぷりの青の世界に浮かぶジンベエザメ

アザラシのトンネル

のとじま水族館

Notojima Aquarium

［石川県］

水量1600トンを誇る大型水槽

石川県の七尾湾に浮かぶ能登島に位置する巨大水族館。広い敷地内に魅力たっぷりの施設がたくさん詰め込まれている。

いちばんのおすすめは「ジンベエザメ館 青の世界」。日本海側にある水族館で唯一のジンベエザメ展示を観ることができる。水量1600トンの大型水槽は〝青の世界〟の名にふさわしい水塊度だ。

能登半島近海に生息・回遊してくる魚を中心に飼育・展示している水族館本館にはプロジェク

イルカにカワウソがお出迎え

泳ぐ姿もかわいいコツメカワウソ

トンネル水槽「イルカたちの楽園」

日本海深海の幸がいっぱい

能登ブランドタグ付きのズワイガニ「加能ガニ」

上・日本海の美味ホッコクアカエビ（甘エビ）
下・富山湾のトヤマエビ

深海魚ザラビクニン

深海魚イサゴビクニン

ションマッピングが常時投影された観覧室やクラゲの光アートなど、幻想的な空間演出がされている。

約1万尾のイワシのビッグウェーブやアザラシなどが観られる「海の自然生態館」、イルカのトンネル水槽がある「イルカたちの楽園」、「ペンギン広場」でのペンギンのお散歩タイム、イルカ・アシカショー（2025年3月から全面再開）などなど、見どころは数多い。

スミツキアカタチ

ペンギンのお散歩

のとじま水族館
☎0767-84-1271
石川県七尾市能登島曲町15部40
https://www.notoaqua.jp/

営 9:00～17:00（3月20日～11月30日）、9:00～16:30（12月1日～3月19日）※入館は閉館の30分前まで
休 12月29日～31日
料 大人・高校生1,890円、中学生以下（3歳以上）510円
電 JR「和倉温泉駅」駅からバスで約30分、「のとじま臨海公園」下車すぐ
車 能越自動車道（国道249号）「和倉」ICから約16km　P あり

“水族館以上”の水族館
驚きの体験や発見がいっぱい！

360度水槽に囲まれたステージから係員が給餌する「フィッシュダンス」

巨大なニセゴイシウツボ

可愛すぎる
ナンヨウハコフグ

可憐なオドリカクレエビ

世界最大の両生類オオサンショウウオ

城崎マリンワールド

Kinosaki Marine World

［兵庫県］

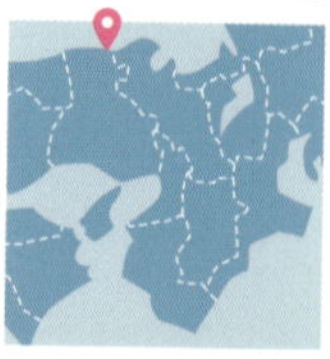

アジ釣り&それを食べる驚き体験！

城崎マリンワールドのテーマは「水族館以上、であること」。水族館らしくない、水族館の枠をはみ出したことをどんどんやろう！という気概が面白い。今では他の施設でも見かけるようになったが、ここで初めてアジ釣り&釣ったアジを調理して食べる体験ができたときは驚いた。なんでも現在の水族館が整備される以前の1958年からアジ釣りは始まっているという。

〝水族館以上〟を体感するもう一つの要素が多彩なアトラクション。入り江の地形をそのまま生かしたスタジアムではイルカやアシカ、セイウチのダイナミックなショーが楽しめる。

その他、トドの豪快なダイビング

海獣たちのアスレチック

岩場に佇むトド。ここからダイブする

12メートルの巨大横長チューブの中をアシカがスイスイ泳ぐ

スピード感あふれる泳ぎを見せてくれるペンギン

「セイウチのランチタイム」は必見。事前にスケジュールの確認を

城崎といえばマツバガニ!

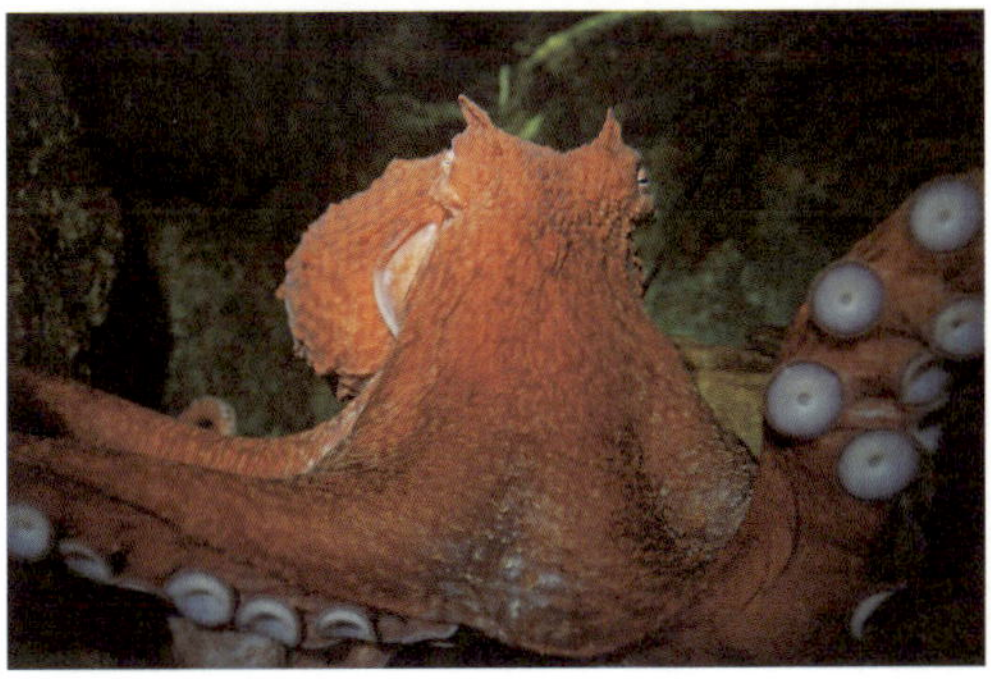

日本海の世界最大タコ、ミズダコ

松葉蟹（マツバガニ）として知られるズワイガニ

やアザラシのロッククライミング、ペンギンの散歩、セイウチのランチタイムなども。ドーナツ水槽中央のフロートに乗って魚へのエサやり体験ができる「フィッシュダンス」はピチピチ跳ねる魚の群れが迫力満点。

水深12mの「日和山大水槽」。水槽に潜ったダイバーに質問できる交信タイムもある

城崎マリンワールド
☎0796-28-2300
兵庫県豊岡市瀬戸1090番地
https://marineworld.hiyoriyama.co.jp/

営 9:30〜16:30　※入館は閉館の30分前まで。夏期や週末など延長営業あり
休 不定休
料 大人2,800円、小・中学生1,400円、幼児（3歳以上）700円
電 JR「城崎温泉」駅からバスで約10分、「日和山（マリンワールド）」下車すぐ
車 北近畿豊岡自動車道「豊岡出石」ICから約25分
P あり

Column 1
「水塊」をもっと楽しむために

「水塊」は本書の監修者である水族館プロデューサー・中村元氏の造語で、元々は水族館をプロデュースする際の水槽計画を作るときに重要要素として使ってきた言葉だそう。中村氏の定義する「水塊」は、〝海や川の水中から、そこに見え、感じるすべての感覚を塊にして切り取ってきたもの〟。それこそが展示に値する水槽である、というのが中村氏の考えだといいます。新江ノ島水族館の「相模湾大水槽」、サンシャイン水族館の「サンシャインラグーン」「天空のペンギン」、北の大地の水族館の「滝つぼ水槽」「四季の水槽」など、中村氏が手がけた水槽を見ると、確かに本物の海や川そのもののように感じます。

近年は、全国の水族館に「水塊」を感じる展示が増えてきています。

まるで海中を丸ごと切り取ってきたかのような「新江ノ島水族館」の「相模湾大水槽」

その水族館のメインとなる大水槽は「水塊」と呼べる展示であることが多いでしょう。そして、大水槽前に座ることができるスペースを設けている水族館も多いので、空いていたらぜひ座って心ゆくまで「水塊」世界に浸ってみてください。

小さな水槽で「水塊」を味わうには？

大水槽ではなくても、本物の海や川のような素晴らしい水槽は数多くあります。心引かれる「水塊」水槽を見つけたら、ぎりぎりまで近くに寄って観覧してみてください。水槽の切れ目や他の観覧者をなるべく視界に入れないようにするのがコツです。いわゆる〝映画館効果〟と同じで、周りの余計な情報をシャットアウトすることで、より水中世界だけを味わうことができるようになります。

水族館プロデューサー直伝の「水塊を楽しむ方法」、ぜひお試しあれ。

「神戸須磨シーワールド」のイルカ水槽。心ゆくまで好きな生き物を間近で眺めるのも楽しみのひとつ

Chapter 2

旅やデートにもってこいの水塊水族館

海遊館

サンシャイン水族館

Sunshine Aquarium

［東京都］

空を飛ぶペンギンやアシカ

サンシャイン水族館があるビル屋上のエレベーターを降りると、滝の流れ落ちる音に包まれる。都会の雑踏からいきなり非日常のオアシスへトリップした感覚が味わえるのがいい。

屋外エリアの展示はまさに「天空のオアシス」。大きくオーバーハングした幅12メートルの水槽をケープペンギンたちが気持ちよさそうに泳いでいる。青空を借景にまるで空を飛んでいるかのようだ。

頭上のリング型水槽をアシカが泳ぐ展示も青空が借景。気まぐれに人間と追いかけっこをしてくれたりもする。

自由気ままに振る舞うモモイロペリカン、かわいらしいカワウソたち、

水塊に包まれた天空のオアシス

どこまでも続く海を感じる「サンシャインラグーン」

ライブコーラルが広く広がるサンゴ礁の海

サンゴ礁の鍾乳洞に潜った気分になる「洞窟に咲く花」

青空を借景に都会の空を飛ぶように泳ぐケープペンギン。「天空のペンギン」水槽はサンシャイン水族館を代表する展示だ

緑の草原で暮らすケープペンギンなどもいて、気候の爽やかな季節にはいつまでもここで過ごしていたくなってしまう。

夕方にはアシカはリングからプールへと帰ってしまうし、青空がきれいな晴れた日中に訪れるのがおすすめだが、日没後のライトアップも幻想的で癒やしの空間だ。

屋内展示も海の潤いたっぷり

屋内の展示も海の潤いに満ちている。特に大水槽「サンシャインラグーン」は、どこまでも続く海の広がりを感じさせる展示の工夫が凝らされており、ビルの高層階にあるとは思えないスケール感。輝く白砂とコバルトブルーのグラデーション、翔ぶように泳ぐエイたち、サンゴの隙間を泳ぎ回る小さな魚たち……実に美しい。

「海月空感（くらげくうかん）」も大人に人気のエリアだ。クラゲトンネルをはじめ水槽の形状や水流、照明、音など空間全体にこだわりがあり、クラゲの浮遊感をたっぷり楽し

水中のキュートなアシカ

浮遊感に満ちた
国内最大級のクラゲ水槽

ウィーディ・シードラゴン

深海に生息するゾウギンザメ

暗い海の中で無数のクラゲに包まれているような没入感を味わえる「海月空感」。ゆったりとした時間が流れる

清流になびく水草が美しい遊水池

水族館2階部は川と緑の爽やかな空間

バンザイしたコモリガエル。カエルは充実

草の上で気持ちよさげなコツメカワウソ

本当の生息地を表した「草原のペンギン」

屋上は清々しい天空のオアシス

エサに向かってアロワナがジャンプ

リング状の水槽をグルグルと気ままに泳ぐ天空のアシカ

海中で出会った気分になれる

ペリカンのノド袋の大きさにビックリ!

める。

その他、日本近海の海や冷たい深海の展示など、さまざまな海中世界を体感できる水族館1階部から2階部に上がると、一転、緑の世界が広がっている。世界中の水辺を再現した陸の水域展示だ。カエルの仲間やカメの仲間、哺乳動物など水辺に棲むいろいろな生き物に会うことができる。

サンシャイン水族館
☎03-3989-3466
東京都豊島区東池袋3-1 サンシャインシティ ワールドインポートマートビル 屋上
https://sunshinecity.jp/aquarium/

営10:00～19:00(4月～7月末)、9:00～20:00(8月)、10:00～18:00(9月～3月)　※季節・曜日によって異なる。入館は閉館の1時間前まで
休無休
料大人・高校生2,600円～2,800円、小・中学生1,300円～1,400円、幼児(4歳以上)800円～900円　※時期により異なる。土日祝および特定日は予約が必要
電東京メトロ有楽町線「東池袋」駅から徒歩約3分
車首都高速5号線「東池袋」出口から地下駐車場直結　Pあり

海遊館

Osaka Aquarium KAIYUKAN

［大阪府］

ジンベエザメが悠々と泳ぐ大水槽

大型商業施設や大観覧車、ホテルなどからなる天保山ハーバービレッジに建つ都市型水族館。〝世界最大級〟をうたうだけあって８階建ての建物は他の水族館と比べても巨大だ。

総水量１万１０００トンの約半分５４００トンもの大きさの十字型大水槽が建物の中心に配置され、上からぐるぐるとこの水槽を回るように降りてくるという独特の順路になっている。

ジンベエザメやアカシュモクザメ、マンタをはじめさまざまなエイたちが泳ぐ姿を、はじめは上から、そして同じ目線で、さらに下からといろいろな角度から観察できるのが面白い。海中へ潜っていくような感覚も

中央の巨大水槽を巡る太平洋一周の旅

味わえる。

世界の海をめぐる圧巻の展示

海遊館の展示テーマは「太平洋を取り囲む自然環境をめぐる旅」。そのテーマどおり、太平洋の大水槽を取り囲むようにさまざまな自然環境を再現した水槽が展示されている。

緑あふれる「日本の森」にはコツメカワウソが暮らし、「アリューシャン列島」ではエトピリカが観られる。「モンタレー湾」ではカリフォルニアアシカが優雅に舞い、「パナマ湾」の陸地にはアカハナグマが歩く。ピラ

ガラス屋根の最上階から旅ははじまる

川の水辺には水鳥も泳ぎたたずむ

屋上で見た滝の下ではコツメカワウソが魚狩り中

太平洋の大水槽をさまざまな角度から楽しめる

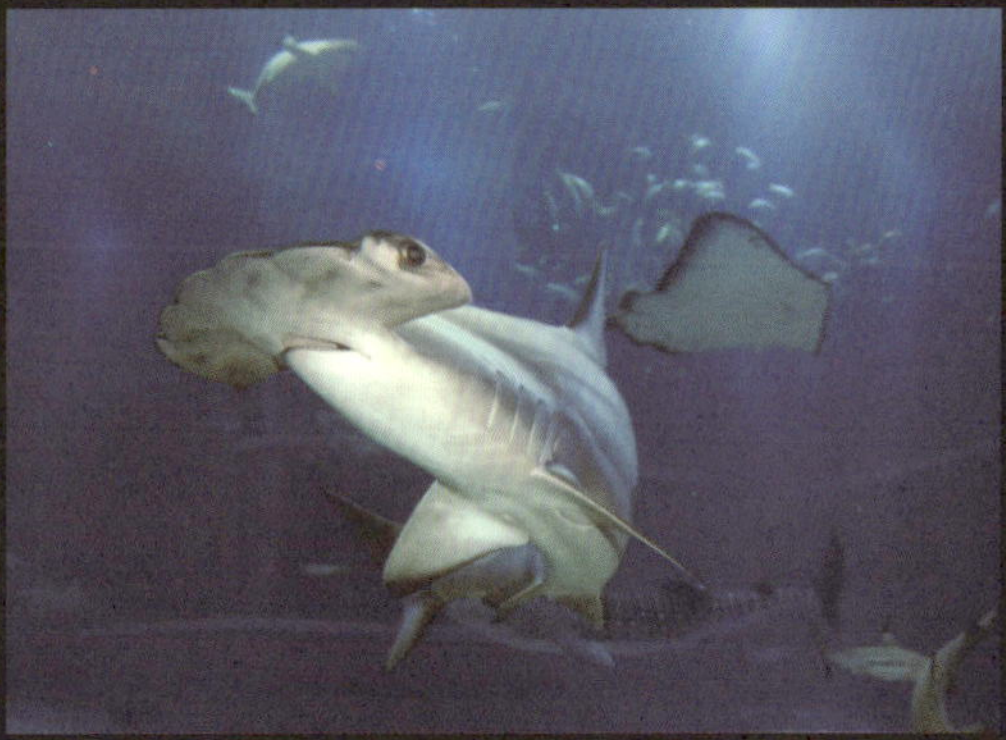

ジンベエザメの他、サメ類はたくさん

都会なのに大洋に来た気分になれる

悠々と泳ぐジンベイザメ

太平洋大水槽の周りに 環太平洋各地の光景が

「チリの岩礁地帯」をイワシの群れが覆いつくす

「海月銀河」はクラゲの水槽までもが浮遊感

「日本海溝」水槽のタカアシガニ

「タスマン海」のカマイルカ

ルクーが泳ぐ「エクアドル熱帯雨林」、オウサマペンギン、ジェンツーペンギン、アデリーペンギンの「南極大陸」、「タスマン海」ではカマイルカがスピーディーに泳ぎ回る。

美しいサンゴ礁の海を展示する「グレート・バリア・リーフ」の水槽は2024年11月にリニューアルした。飼育員がオーストラリア・ケアンズへ現地調査に行って創り上げた力作だ。

海底トンネルのような「アクアゲート」、幻想的なクラゲ展示の「海月銀河」、天井の水槽にワモンアザラシが浮かぶ「北極圏」の展示などもある。

年間を通して夜8時まで営業しているのも都市にある水族館らしい。夕方以降の水槽照明も美しく、夜の水族館デートもおすすめだ。

天井の水槽を泳ぐワモンアザラシ

「北極圏」エリアの天井は流氷に覆われ、
中央では流氷から水中へとやってきたワモンアザラシと会える

「北極圏」のイソギンチャク

階を下ると水中を泳ぐアデリーペンギンが

「南極大陸」エリアでくつろぐペンギンたち

水中景観はモンタレー湾の深い峡谷を再現

観客と遊んでくれるカリフォルニアアシカ

「モンタレー湾」エリアの水面上には桟橋がある

海遊館
☎06-6576-5501
大阪府大阪市港区海岸通1-1-10
https://www.kaiyukan.com/

営 9:00〜20:00
※時期により異なる。入館は閉館の1時間前まで
休 不定休
料 大人・高校生2,700円〜3,500円、小・中学生1,400円〜1,800円、幼児（3歳以上）700円〜900円
※時期により異なる
電 大阪メトロ 中央線「大阪港駅」1番出口から徒歩約5分
車 阪神高速湾岸線・大阪港線「天保山」ICからすぐ
P あり

江ノ島観光とセットで行ける！
東京からの日帰り旅行にも

相模湾の岩礁水槽。ゆらめく海藻の間からコブダイが現れた

相模川河口の干潟にカニやヤドカリがいる

相模湾の沖合にあるキサンゴの海底

新江ノ島水族館

Sunshine Aquarium

［神奈川県］

相模湾を再現する意欲的な展示

1954（昭和29）年にオープンした江ノ島水族館が新江ノ島水族館に生まれ変わったのは2004年のこと。〝新〟になってからすでに20年が経過したが、その展示は年々進化を続けている。

テーマは「相模湾と太平洋」。水族館の目の前に広がる相模湾の生き物が展示の中心だ。相模湾は暖流と寒流がぶつかる外洋の近くにあり、深海、岩場から砂浜、干潟まで多彩な生態環境を持つ。新江ノ島水族館の展示はさまざまな手法でそれらを再現している。

最も大きな水槽が「相模湾大水

自然への畏怖を感じる本物そのものの海

切り立った岩が迫り、奥はほの暗く海がどこまでも続いているような「相模湾大水槽」

相模湾大水槽ー の大物エイが目の前にやってきた

相模川上流、川魚のジャンプ水槽

槽」だ。2つの造波装置を使って、実際の海と同じように絶えず波を発生させている。深い青色の水中を約8000匹のマイワシの大群が常に形を変えつつも一つの生命体のようにひとかたまりになって泳ぐ様は圧巻。

世界初の深海展示と癒しのクラゲたち

新江ノ島水族館はJAMSTEC《ジャムステック》（国立研究開発法人海洋研究開発機構）と協力して深海生物の長期飼育法に関する共同研究を実施している。その研究、技術開発の様子を逐次公開・展示しており、最新の深海生物を観ることができる。海底から吹き上げる熱水などを頼りに生きている化学合成生物の生態系を展示した水槽は世界初の画期的なもの。水深200メートル以上の世界を覗いてみよう。

クラゲ展示にも注目したい。クラゲの本格的な周年展示を

世界初となる江ノ島特産シラスの展示

スーパーでおなじみのシラス（カタクチイワシの仔魚）を常設展示しているのは新江ノ島水族館だけ

深海の化学合成生物の展示では日本一

深海魚ノロゲンゲ

深海底に棲むハリイバラガニ

ゴエモンコシオリエビは水中火山のチムニーに棲む

初めて成功させたのは旧江ノ島水族館だった。新江ノ島水族館では「クラゲファンタジーホール」で常時約14種類のクラゲを公開している。クラゲの体内のような半ドーム式のホールの中心には球型水槽が置かれ、美しい照明演出で癒やしの空間を創り出している。毎月9日には「えのすいクラゲの日」と題して、展示飼育スタッフの相模湾クラゲ調査に同行する一般参加型のプログラムも開催してい

愛らしいフウセンウオがいっぱい！

北海のオオカミウオ

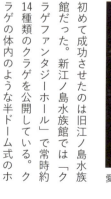

美しくダイナミックなクラゲを堪能

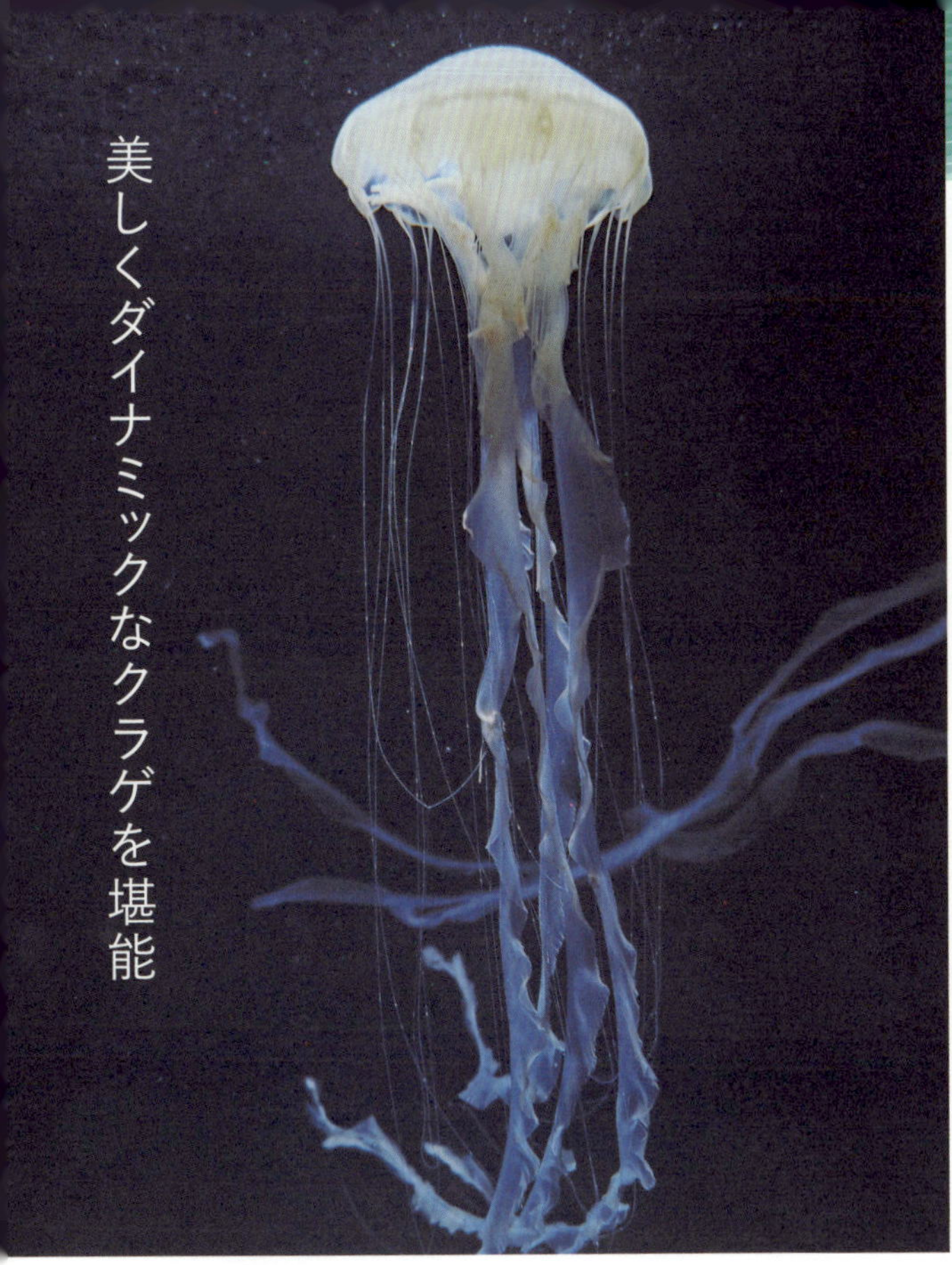

妖艶に揺らめくパシフィックシーネットル

癒やしの空間「クラゲファンタジーホール」

クラゲ展示の始祖としての誇り漂う展示

江の島、富士山、相模湾を借景にしたショースタジアム

水中に潜るコツメカワウソ

る。クラゲ好きは要チェックだ（HPから要事前受付、小・中学生1500円、高校生以上2500円）。

ところで新江ノ島水族館では展示飼育スタッフを「えのすいトリーター」と呼んでいる。生物を飼育（treat）し、お客さまをおもてなし（treat）する、という意味が込められているそうだ。

目の大きなクルマダイ

新江ノ島水族館
☎0466-29-9960
神奈川県藤沢市片瀬海岸2-19-1
https://www.enosui.com/

営 9:00～17:00（3月～11月）、10:00～17:00（12月～2月）
※入館は閉館の1時間前まで
休 無休
料 大人2,800円、高校生1,800円、小・中学生1,300円、幼児（3歳以上）900円
電 小田急江ノ島線「片瀬江ノ島駅」徒歩3分
車 横浜新道「戸塚」料金所から約40分
P なし　※周辺の有料駐車場を利用

大分マリーンパレス水族館 うみたまご

Oita Marine Palace Aquarium UMITAMAGO

［大分県］

大回遊水槽をさまざまな角度から楽しめる

目の前に別府湾が広がる自然豊かな観光立地

進化し続ける水族館

別府市中心部から車で約10分。約1000頭の野生のニホンザルが暮らす高崎山自然動物園の向かい、別府湾沿いにうみたまごがある。別府温泉へ旅行に行った際に立ち寄るのに絶好の立地だ。

一風変わった「うみたまご」という名称には、地球上のすべての生物が生まれた海は卵のようなもの、という意味が込められている。1964年に大分生態水族館マリーンパレスとして開業した水族館がうみたまごにリニューアルしたのは2004年。規模を約3倍に拡張し、建物のほぼ半分には屋根がないオープンな造り、繊細で美しい展示、生物との距離が近いショーパフォーマンスなど随所にこだわりを発揮し、水族館界の新時代を告げる存在となった。

開業10年目の2014年には水族館の隣に〝ガラスのない水族館〟をコンセプトにした「あそびーち」をオープン。イルカなどと間近でふれあえる人気施設となった。そして開業20年目を記念して2025年春に「あそびーち」を約1・6倍の4000平方メートルに拡張してリニューアルオープンするという。うみたまご

愛嬌ある表情のトド

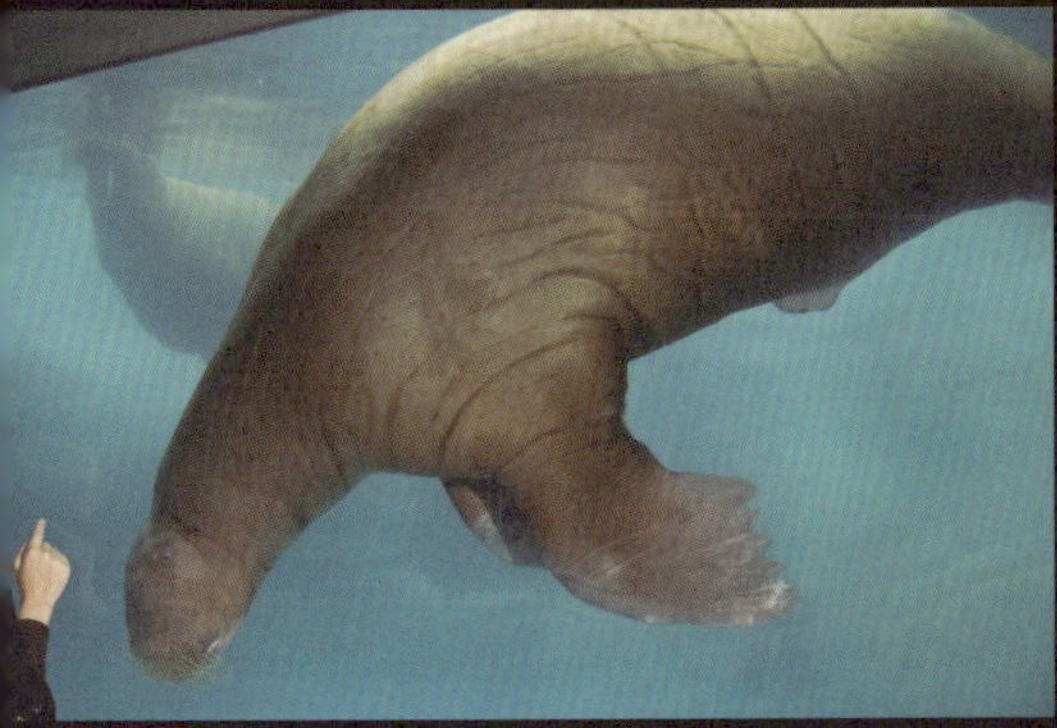
観覧者と遊んでくれる水中のセイウチ

アゴヒゲアザラシが寄ってきた

複雑な形状の岩陰を造ることで小さな魚と大きな魚が共存する

芸達者な海獣たちと間近でふれあえる

大回遊水槽は独特の青みを持つ水塊が魅力的。水槽の中心に擬岩の島があり、その周りを海水がぐるぐると流れる構造になっている

光沢を放つタチウオは通年展示で楽しめる

カタクチイワシの群泳をアート的に展示

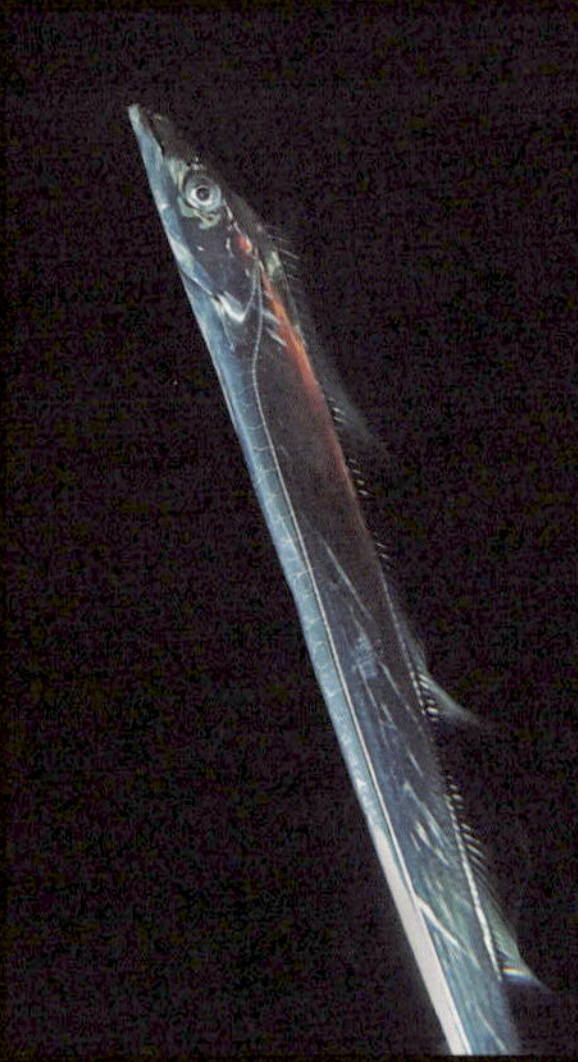

闇に光る銀色の金属光沢が美しい

サンゴ大水槽。大分の県南に生息するサンゴを人工照明下で日本で初めて繁殖に成功させた

イボヤギの群生にサクラダイ

子どもにも大人にも人気のチンアナゴ

の進化は止まらない。

生き物たちとの距離が近い

水槽展示の目玉は水量１２５０トンの大回遊水槽。サメやエイなど豊後水道に生息する90種１５００尾の魚たちが暮らしている。観覧エリアがあちこちに設けてあり、さまざまな角度から観察できるのが面白い。ダイバーによる餌付け解説も行われる。

ショーのおすすめは「うみたまパフォーマンス」と名付けられたセイウチのパフォーマンス。トレーナーとの息がバッチリ合っており芸達者だ。パフォーマンス後のふれあいタイムにはセイウチの体にふれることもできる。

海獣の種類は多彩で、セイウチのほかトド、ミナミアメリカオットセイ、アゴヒゲアザラシ、ゴマフアザラシ、ハイイロアザラシがいる。鯨類はバンドウイルカ、ハセイルカ、マダライルカ、ハナゴンドウ。コツメカワウソやマゼランペンギン、モモイロペリカンもいて、いろんな生物と近い距離で会えるのがうれしい。

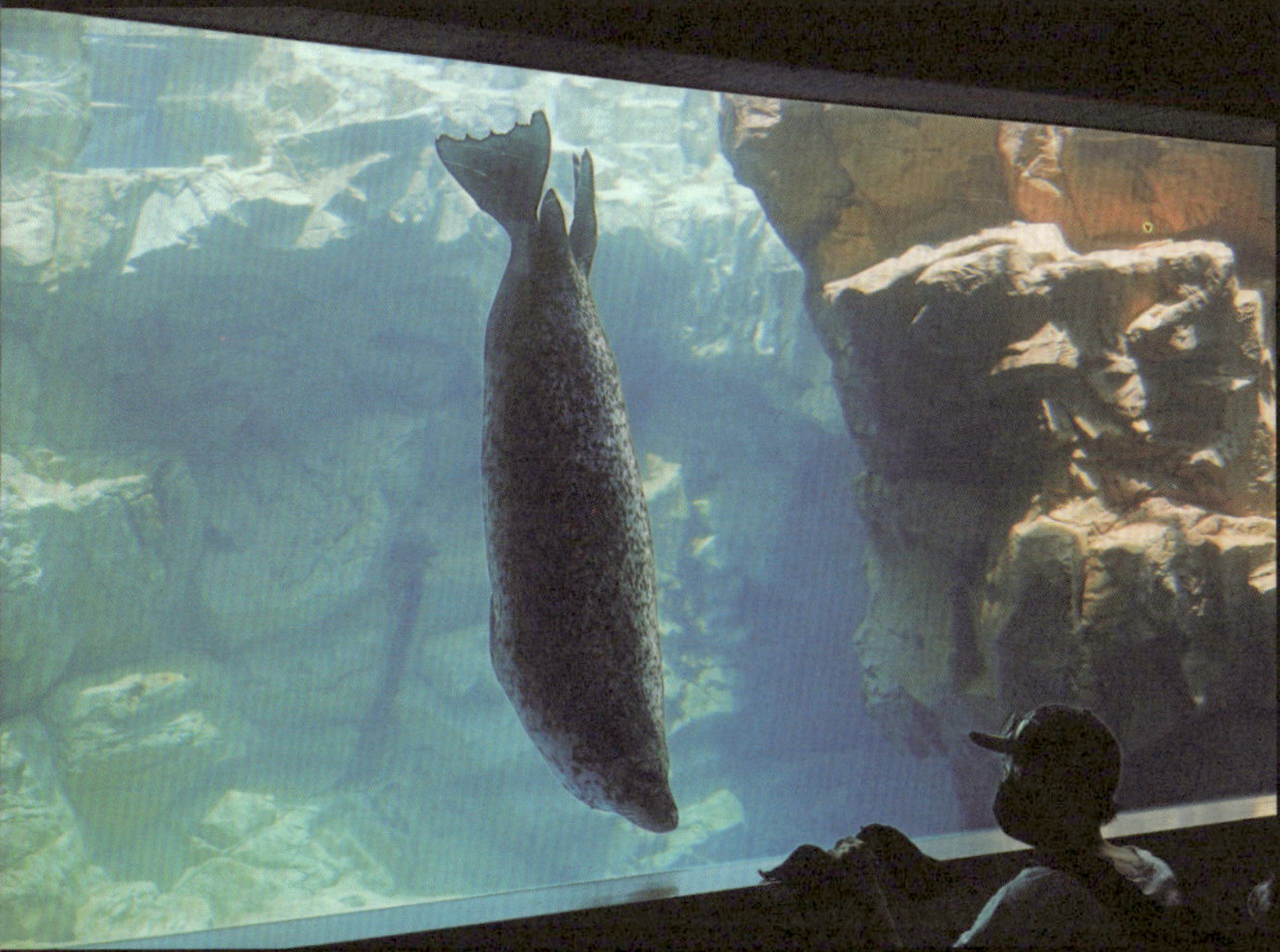
水中の岩場を見ているとゴマフアザラシがやってくる

イルカや海獣などのパフォーマンスショーが盛りだくさん

トドのパフォーマンス

イルカパフォーマンスはとても近い位置で見られる

イルカショープールの下に水中窓

手乗りペリカン！

大分マリーンパレス水族館 うみたまご
☎097-534-1010
大分県大分市大字神崎字ウト3078番地の22
https://www.umitamago.jp/

営 9:00〜17:00　※入館は閉館の30分前まで。時期により延長営業あり
休 年2日程度
料 大人・高校生2,600円、小・中学生1,300円、幼児（4歳以上）850円、70歳以上2,000円
電 JR「別府」駅からバスで約15分「高崎山自然動物園前」下車すぐ
車 大分自動車道「別府」ICから約10km
P あり

セイウチは観覧者の前にやってきてくれる

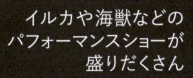

ジンベエザメやイルカなど
鹿児島の多様な生物に会える

定置網に入ったジンベエザメを飼育

カツオ。鹿児島県ではかつお節の材料として漁獲される

愛を交わすチンアナゴ

鹿児島名産のキビナゴの群れ

いおワールド かごしま水族館

Kagoshima City Aquarium (Io World)［鹿児島県］

豊かな鹿児島の海を堪能できる

日本の本土最南端に位置する鹿児島県は与論島や奄美大島も含むため海のエリアは広大で表情も多彩。そんな豊かな鹿児島の海を丸ごと見せてくれる水族館だ。

入館して最初に出会う水槽が館内でいちばん大きい「黒潮大水槽」。展示の目玉ともいえるジンベエザメをはじめマグロやカツオなど黒潮の流れに乗って回遊する魚を展示している。ジンベエザメの展示でこの館独特なのが、体長5・5メートルまで育ったら海へ帰すというところ。成長すると20メートルにもなるジンベエザメの命を考えての

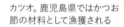

深海に生きるサツマハオリムシが目の前に！

錦江湾奥部に生息するサツマハオリムシ。硫化水素をエネルギー源にする

錦江湾では群れをつくるアカオビハナダイ

イルカプールの地下に水中観覧エリアがある

毎週土曜には「ピラルクーの食事の時間」イベントが開催されている

黒潮大水槽のグルクマの大群

方針が素晴らしい。

南西諸島の海を再現した水槽やマングローブ水槽、鹿児島の深海コーナーなど、アザラシとアマゾンのコーナー以外はすべて鹿児島の海で構成されている。

イルカは館内でも観覧できるが、屋外の錦江湾と繋がった自然の海の一部で水路展示も行っていてこちらは無料ゾーンだ。

人気のイルカショー

いおワールドかごしま水族館

☎099-226-2233
鹿児島県鹿児島市本港新町3-1
https://ioworld.jp/

営 9:30〜18:00
※入館は閉館の1時間前まで。GW、夏休み期間の土日祝・お盆などは21:00まで開館する「夜の水族館」を開催
休 12月の第1月曜から4日間
料 大人・高校生1,500円、小・中学生750円、幼児(4歳以上)350円
電 JR鹿児島中央駅から「鹿児島駅前」行き市電で15分「水族館口」下車、徒歩約8分
車 九州自動車道「薩摩吉田」ICまたは「鹿児島北」ICから約20分
P あり

広島や出雲から足を延ばして バブルリングを見に行こう

シロイルカの「幸せのバブルリング®」は必見!

巨大リングは「幸せの縁ミラクルリング」

いなばの白兎にちなんだ「神話の海」にはワニ（サメ）が十数種

コブが立派に出たコブダイ。強靭な顎と固い歯を持つ

島根県立しまね海洋館アクアス

Shimane Aquarium AQUAS

［島根県］

神話の海とシロイルカ

2007年、ソフトバンクのテレビCMに「島根のおじさま」としてしまね海洋館アクアスのシロイルカが登場し、一躍全国に知られる存在となった。島根のおじさまを務めた個体は2023年に亡くなったが、現在も別のシロイルカたちがCMで披露していた「バブルリング」のパフォーマンスを元気に見せてくれている。「幸せの縁ミラクルリング」と名付けられた、大きなバブルリングの中をくぐる技は必見だ。

　魚類のメイン水槽は出雲国しまねらしく「神話の海」がテーマ。ワニ（サメ）を騙して隠岐の島から海を渡ってきた白兎がワニに皮を剥ぎ取られてしまうという「いなばの白兎」

島根の水中景観を見事に再現

アラメなどの海藻が見事に繁茂した「石見万葉の磯」

ダイビング気分が味わえるサンゴ礁の海の展示

頭上のペンギンを寝そべって見られる

アシカとアザラシのプール。ここでショーも開催

島根県の県魚トビウオ

ペンギンパレードは冬限定

の神話にちなみ、サメの仲間がたくさん泳いでいる。海底トンネルもあって、神話の海に潜ったような感覚が味わえる。

オウサマペンギンなど4種類のペンギンが暮らす「ペンギン館」も魅力的。アクリル天井の水槽を見上げて空を飛ぶペンギンを観察できる。

キタイワトビペンギン

島根県立しまね海洋館アクアス

☎0855-28-3900
島根県浜田市久代町1117番地2
https://aquas.or.jp/

営 9:00～17:00 ※夏休み期間延長営業あり。入館は閉館の1時間前まで
休 火曜（祝日の場合はその翌日）※春休み、GW、夏休み、年末年始は無休
料 大人1,550円、小・中・高校生500円、幼児（未就学児童）無料
電 JR「波子」駅から徒歩12分
車 山陰道江津道路「浜田東」ICから約5km
P あり

仙台うみの杜水族館

Sendai Umino-Mori Aquarium

［宮城県］

三陸の海と多様な生き物たち

2015年に閉館したマリンピア松島水族館の後継館として同年、仙台の地にオープンした水族館。マゼラン海峡のイロワケイルカなどマリンピア松島水族館時代からの生き物たちが今も元気に暮らしている。

三陸の海を再現した「日本のうみ―東北のうみ―」ゾーンの大水槽は屋根がない構造になっていて、自然の太陽光にマイワシの群れがきらめいて美しい。

約1000人収容のショースタジアムは東北最大を誇る。屋外にあるスタジアムとしては日本最北端だ。「WeAreOne」をテーマにしたイルカ、アシカ、バードのダイナミックなパ

東北最大のスタジアムでパフォーマンスを楽しむ

日本でイロワケイルカに会えるのはここと鳥羽水族館だけ

三陸の美味ケムシカジカ

三陸の海の幸ボウズギンポ

頭上にマボヤの養殖を見上げながら入館

フォーマンスが楽しめる。アシカとトレーナーの水中パフォーマンスは息の合った演技で強い絆を感じる。

　ケープペンギンが多く生息する保護区ボルダーズビーチをモデルにつくられたペンギンの環境一体型展示も見ものだ。

東北で唯一の屋外イルカショー

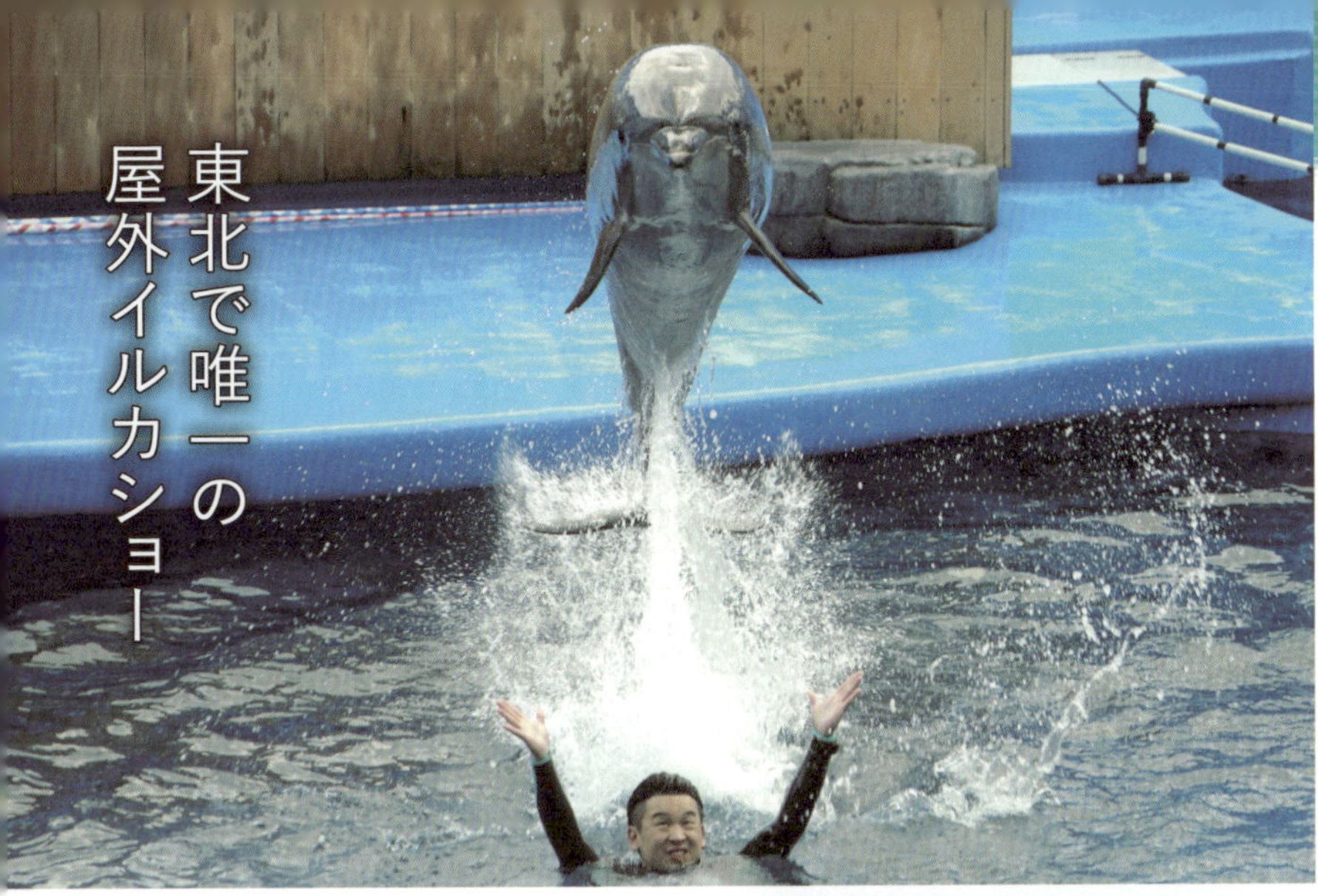

イルカのダイナミックなジャンプやスピンを堪能できる。アシカのパフォーマンスもある

スナメリを避けてマイワシの群れが舞う。スナメリは仙台湾にも生息

ペンギンは5種類を飼育展示

仙台うみの杜水族館
☎022-355-2222
宮城県仙台市宮城野区中野4丁目6番地
https://www.uminomori.jp/

営 9:00～17:30、10:00～17:00（冬期）
※GW、夏休み期間など延長営業あり。入館は閉館の30分前まで
休 無休
料 大人2,400円、中・高校生1,700円、小学生1,200円、幼児（4歳以上）700円、シニア（65歳以上）1,800円
電 JR仙石線「中野栄」駅から徒歩約15分（バス約7分）
車 仙台東部道路「仙台港」ICからすぐ
P あり

水中のオウサマペンギン

仙台湾のカキ養殖の展示

サンゴ礁のナンヨウハギ

ゆったり泳ぐマンボウ

男鹿半島の海沿いにあり観光スポットもたくさん！

春から夏にかけての男鹿の海を再現。深さがあり水塊度の高い水槽

ひれあし's館ではアザラシとアシカの柵なしショーも。写真はゴマフアザラシ

男鹿水族館の人気者、ホッキョクグマの豪太

カリフォルニアアシカの水中観覧スペース

男鹿水族館 GAO

Oga Aquarium GAO

［秋田県］

ホッキョクグマに会える

ＧＡＯ（ガオ）の愛称はGlobe（地球）、Aqua（水）、Ocean（大海）の頭文字を並べたもので、男鹿の地名にちなんでいる。なまはげが持つ力強さも感じられるようにと名付けられたとか。

なまはげの地・秋田の魚といえばハタハタ。「ハタハタ博物館」コーナーでは水槽展示だけではなく秋田の食文化や漁の歴史なども紹介されていて興味深い。

「男鹿の海大水槽」は2階まで吹き抜けの深さを感じる構造で、断崖絶壁がそそり立つ深い水中を約40種2000匹もの生き物が泳ぎ回っている。

ＧＡＯのスターはホッキョ

秋田名物しょっつるの原材料 ハタハタの生態が観察できる

右・秋田県の魚ハタハタに特化した展示エリア「ハタハタ博物館」では生きたハタハタを展示している。
上・樽の中でハタハタと塩だけでつくる本物のしょっつるを醸造して展示

秋田の海ではホッケも獲れる

ヒレが美しいトクビレ

暖かい海のホシザメ

「秋田の森と川の魚」水槽のサクラマス（ヤマメ）

クグマだ。広々とした飼育施設でプールに飛び込んだり、陸上を歩いたりと愛らしい姿を見せてくれる。オスの豪太とメスのモモがいて不定期に同居も行われている。

「ひれあし's館」のアシカやアザラシ、2種類のペンギンも見応えあり。

美しいカブトクラゲ

男鹿水族館GAO
☎0185-32-2221
秋田県男鹿市戸賀塩浜字壺ヶ沢
https://www.gao-aqua.jp/

営 9:00～17:00、9:00～16:00（冬期）　※GW、夏休み期間など延長営業あり。入館は閉館の1時間前まで
休 木曜不定休　※冬期メンテナンス休館期間あり
料 大人・高校生1,300円、小・中学生500円、幼児（未就学児）無料
電 JR男鹿線「男鹿」駅から「男鹿半島あいのりタクシー“なまはげシャトル”」で約45分～1時間
車 秋田自動車道「昭和男鹿半島」ICから国道101号線～なまはげライン経由で約1時間　P あり

日本海沿岸の好立地
日中もいいが、
日没の夕日は絶景

日本海に続くようなプールでのパフォーマンスは春から秋まで

「うみがたり大水槽」。イワシの群れやコブダイ、ホシエイなど日本海の生き物が50種

老成したイラ

ニシキハゼ

上越市立水族博物館 うみがたり

Joestu Aquarium Umigatari

[新潟県]

間近で観察できるマゼランペンギン

1934年の起源から長い歴史を持つ水族館で、「うみがたり」にリニューアルしたのは2018年。目の前に広がる日本海をテーマにした「うみがたり大水槽」や360度アクリルガラスの海中トンネル「うみがたりチューブ」などで日本海に生息する多種多様な生き物を観察できる。

圧巻はマゼランペンギンの展示。飼育数日本一を誇り、「マゼランペンギンミ

マゼランペンギンには様々なアプローチで会える

生息地と同じく草原の起伏に営巣

水中ドームからペンギンを観察

日本海の水塊に包まれる「うみがたりチューブ」

浮遊感が人気の「くらげギャラリー」

上越の川の上流。イワナとヤマメ

マツカサウオとハナダイの仲間

ュージアム」の1階では水中を素早く泳ぐ姿が観られ、マゼランペンギンの一大生息地であるアルゼンチン共和国のプンタ・トンボを再現した2階では、エリア内に設けられたウオークスルーで観覧者の足下を自由に歩き回るペンギンたちに会える。圧倒的な近さはここならではの体験だ。

　日本海と繋がっているようなプールで力強いジャンプを見せるイルカのパフォーマンスも見逃せない。

上越市立水族博物館 うみがたり
☎025-543-2449
新潟県上越市五智2-15-15
https://www.city.joetsu.niigata.jp/soshiki/kyouikusoumu/sinnsui-aramasi.html
営 10:00〜17:00　※季節により異なる。入館は閉館の30分前まで
休 無休　※メンテナンス休館あり
料 大人1,800円、高校生1,100円、小・中学生900円、幼児(4歳以上)500円、シニア(65歳以上)1,500円
電 えちごトキめき鉄道妙高はねうまライン「直江津」駅から徒歩約15分
車 北陸自動車道「上越」ICから約15分　P あり

日本海産"ノドグロ"の生きている姿に感動

日本海を下から見上げるマリントンネルを備えた「日本海大水槽」。入館時に水槽の水面上から潜ってくる順路になっている

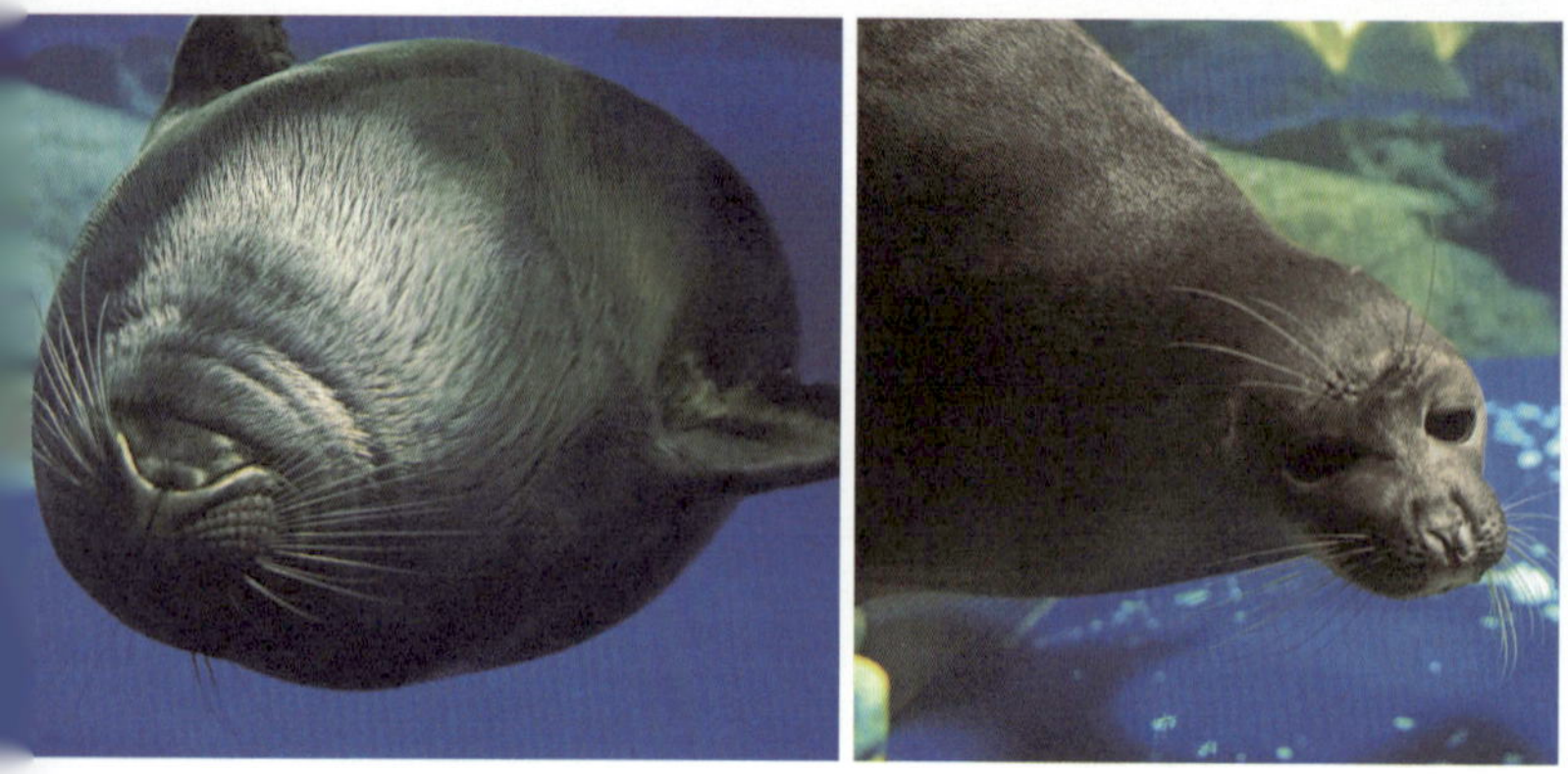

国内初の繁殖・人工哺育に成功したバイカルアザラシ。「水辺の小動物」ゾーンで会える

「潮風の風景」エリアの岩礁水槽

新潟市水族館 マリンピア日本海

Niigata City Aquarium
Marinpia Nihonkai［新潟県］

日本海の生態がわかる大水槽

１９９０年に市制施行１００周年を記念して開館した水族館で、２０１３年のリニューアルにより現在の展示エリアに整理された。

名称に「日本海」とあるとおり、展示の注目は日本海だ。最も大きい「日本海大水槽」は水量８００トン。スロープを歩きながら浅海域の魚類を観察し、アクリルトンネルで海中に潜ったら、大観覧面側では沖合部に生息するコブダイなどの魚類が観られる。造波装置がつくり出す潮騒も耳に心地よい。

18基の水槽が並ぶ「暖流の旅」ゾーンではアカムツを見逃さないよう

日本の川の大魚イトウ

大西洋河口の大魚ターポン

水深200～300mに生息するアカムツ（ノドグロ）の人工ふ化・育成に世界で初めて成功

「水辺の小動物」ゾーンのアメリカビーバー

インパクト大の深海魚イサゴビクニン

イサゴビクニン。新潟県では水深800m付近で採集される。採集直後はピンク色だが飼育下では徐々に黒くなる

「マリンサファリ」のゴマフアザラシ

深海魚オオクチイシナギ

日本海深海のベニズワイガニ

にしたい。和名アカムツはすなわち〝ノドグロ〟だ。おいしい高級魚ノドグロがわんさか泳いでいて圧巻。アカムツの人工ふ化・育成に世界で初めて成功した水族館でもある。

イルカやペンギンはもちろんゴマフアザラシ、トド、カリフォルニアアシカ、アメリカビーバー、ユーラシアカワウソ、バイカルアザラシなど水族館の人気者たちに会えるのも魅力。

新潟市水族館マリンピア日本海
☎025-222-7500
新潟県新潟市中央区西船見町5932-445
https://www.marinepia.or.jp/

営 9:00～17:00　※年始、GW、夏休み期間など時間変更あり。入館は閉館の30分前まで
休 12月29日～1月1日、3月の第1木曜日とその翌日
料 大人・高校生1,500円、小・中学生600円、幼児（4歳以上）200円
電 新潟駅より「水族館」行きバスで20分
車 北陸自動車道「新潟中央」ICから約25分
P あり

串本海中公園 水族館

Kushimoto Marine Park

［和歌山県］

紀伊半島のサンゴ礁に
太陽が降り注ぐ水塊

水槽の中とは思えないほど野性味のあるサンゴが育っている

暖かいサンゴ礁の海に生息するアジアコショウダイ

自然の海水と太陽光を取り入れた水槽は目の前の本物と海と変わらない“水塊”だ

黒潮の沖合深くを再現した海中トンネル

水中トンネルを抜けて水族館出口へ。出た先には本物の海が待ち構えている

本州最南端の美しい海

1970年に日本で最初に海中公園地区（現・海域公園）に指定された。黒潮の影響を強く受ける串本の海は抜群の透明度と冬でも15℃を下回ることのない暖かい水温を誇り、世界の北限といわれる本州最大のテーブルサンゴの群落を色とりどりの熱帯魚が泳ぐ美しい海中景観を持つ。

水族館だけではなく海中展望塔、半潜水型海中観光船、シュノーケリングやダイビングの施設もあって、さまざまに海中を楽しみ尽くすレジャーが揃っている。

サンゴの間からサザナミフグが飛び出てきた

水族館では串本の海に生息する約400種4000匹を自然環境に近い状態で展示している。太陽光が降り注ぐ「串本の海」大水槽ではサンゴ礁が大きく育ち、目の前の海をそのまま切り取ってきたかのような臨場感だ。

水族館出口に繋がる長さ24メートルの「水中トンネル」では、サメやエイなどの大型回遊魚が泳ぎ回り、黒潮の沖合深くを表現している。

串本海中公園 水族館

☎0735-62-1122
和歌山県東牟婁郡串本町有田1157番地
https://www.kushimoto.co.jp/

営 9:00～16:30
※入館は閉館の30分前まで
休 無休
料 大人・高校生2,000円、小・中学生1,000円、幼児（3歳以上）400円
※水族館と海中展望塔を利用の場合
電 JR「串本」駅から無料送迎シャトルバスで約15分
車 紀勢自動車道「すさみ南」ICから約20分
P あり

オオサンショウウオの展示数は日本最多を誇る

京都の河川に棲むオオサンショウウオの生態をリアルに観察

古都京都の真ん中に出現した生き物たちの世界

「クラゲワンダー」にある360度パノラマ水槽「GURURI」

「イルカのがっこう」では、体育の時間、給食の時間、日替わり授業などのプログラムが

京都水族館

Kyoto Aquarium

［京都府］

京都の豊かな自然と海獣たち

京都駅から西へ徒歩約15分、市街地の中心に広がる梅小路公園内に2012年に開館した。

京都水族館の顔となっているのが世界最大級の両生類・オオサンショウウオ。入館してすぐの「京の川」ゾーンで会える。京都を流れる由良川の上流・中流・下流が一つの水槽で表現されていて、京都にある水族館らしい力の入った展示だ。地元の自然を紹介するエリアとしては「京の里山」ゾーンもあり、こちらには田んぼや京野菜を育てる畑などがある。

魅力的なのがミナミアメリカオットセイやゴマフアザラシに会える海獣ゾーン。明るく広々としたプールを楽しげに泳ぎ回っている。180度のパノラマが広がるイル

ケープペンギンが水中に現れると最高

由良川のヤマメ

アザラシがチューブに遊びに来てくれた

ペンギン相関図が話題

約30種5千匹のクラゲを展示

明るいプールを縦横無尽に泳ぎ回るミナミアメリカオットセイ

京都水族館で一番大きな水槽「京の海」

カスタジアムでのびのびと泳ぐイルカたちもいい。プールの向こうには公園の四季折々の自然美、その向こうに新幹線が走り、東寺《とうじ》の五重塔も見える。

京都水族館
☎075-354-3130
京都府京都市下京区観喜寺町35-1（梅小路公園内）
https://www.kyoto-aquarium.com/index.html
営10:00～18:00　※季節により異なる。入館は閉館の1時間前まで
休無休
料大人2,400円、高校生1,800円、小・中学生1,200円、幼児（3歳以上）800円
電JR「京都」駅から徒歩約15分
車公共交通機関を推奨
Pなし

「京の川」ゾーンの由良川の上流から下流まで

四国水族館

Shikoku Aquarium

［香川県］

本州と四国を繋ぐ 瀬戸大橋のたもとに建つ

アカシュモクザメの群れを下から見上げる「神無月の景」

毒棘のあるミノカサゴ

深海に棲むクルマダイ

鳴門海峡の渦潮と激流に揉まれる魚たちを見上げる

四国のあらゆる水景をめぐる

これまでにない「次世代水族館」を目指し2020年にオープンした。展示テーマは「四国の水景」。日本最大の内海・瀬戸内海、黒潮が流れる太平洋、清流・四万十川をはじめとする清流の数々や湖畔の世界といっ

瀬戸内海を借景にイルカがジャンプ

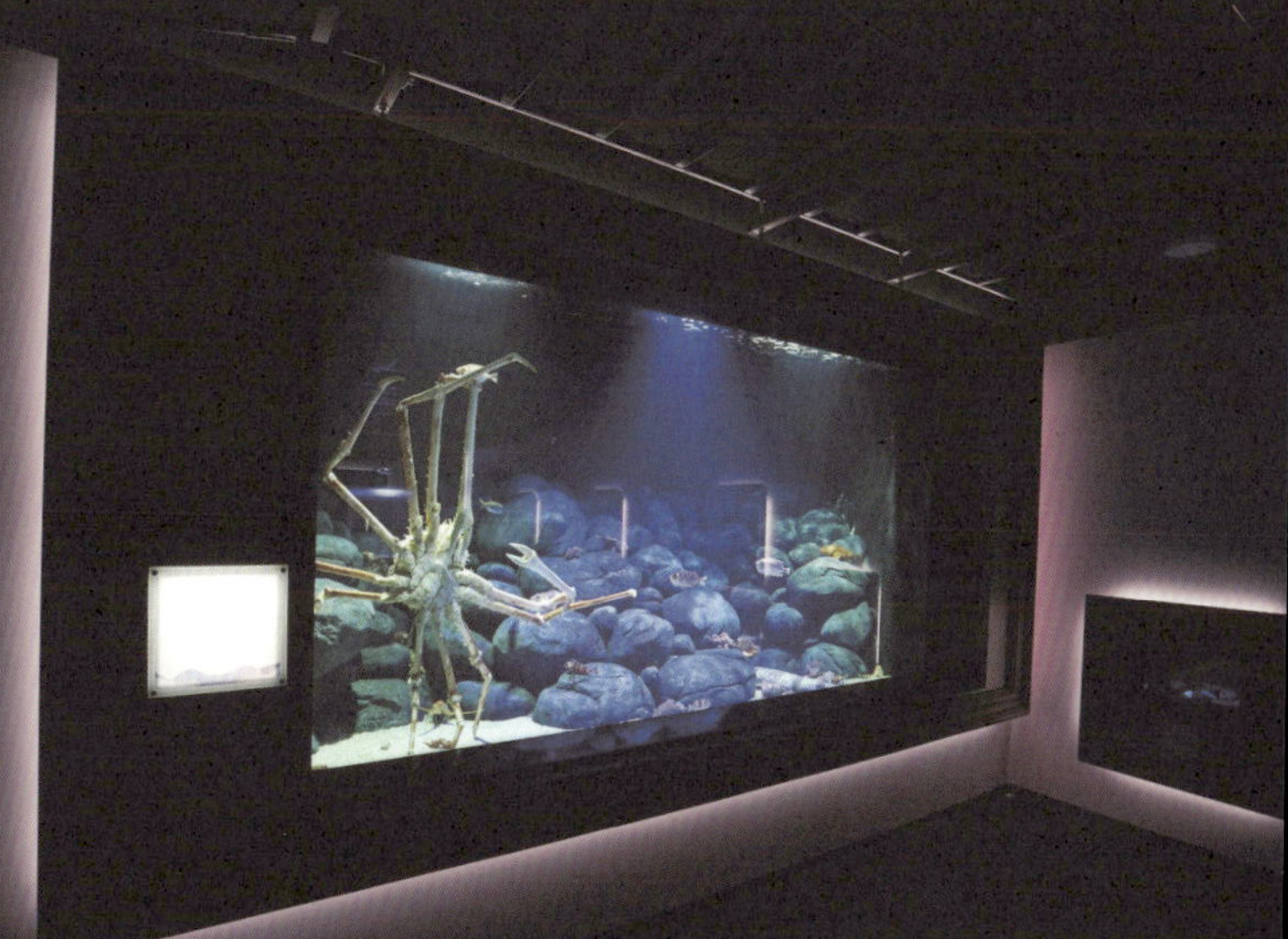

海底勾配が急峻な室戸岬周辺の深海を再現した水槽

美術館のような額縁つきの水槽

「水遊ゾーン」ではペンギン、アシカ、アザラシ、カワウソに会える

絶滅したとされるニホンカワウソの最後の目撃地・四国

「川獺がいた景」としてコツメカワウソを展示

屋内で最大の水槽「綿津見の海」

愛媛でのアコヤガイ養殖を展示

四万十川のアカメ

四国の川を巡る「清流・湖畔エリア」

た四国のあらゆる水景をさまざまな手法を用いて水槽で表現している。

鳴門海峡の渦潮を再現した瀬戸内海エリアの「渦潮の景」、アカシュモクザメの群れが泳ぐ太平洋エリアの「神無月の景」など、天井を見上げるように観覧する展示がいい。

額縁が付いた水槽が並んでいるのも美術館のようで特徴的。各水槽、展示する生物に合わせた生息環境の再現にもこだわっている。

屋外の「水遊ゾーン」ではアシカやアザラシ、ペンギンに会える。瀬戸内海を背景にした「海豚プール」はデッキとプール水面との段差が小さく、間近でイルカたちを観察できる。

四国水族館
☎0877-49-4590
香川県綾歌郡宇多津町浜一番丁4
https://shikoku-aquarium.jp/

営 9:00〜18:00
※GW、夏休み期間延長営業あり
休 無休
※冬期にメンテナンス休館あり
料 大人・高校生2,600円、小・中学生1,400円、幼児（3歳以上）700円
電 JR「宇多津」駅より徒歩約12分
車 瀬戸中央自動車道「坂出」ICから約10分
P あり

Column 2
水族館には何時に行くのがおすすめ？

水族館は思いのほか混んでいて、思うように見学できないこともあります。

平日に行くのが正解で、最近は平日に大人だけで訪れている高齢者や女性を多く見かけます。

おすすめの時間帯は、比較的空いている開館してすぐの朝または夕方です。実はその時間にはおすすめのポイントがあります。

開館してすぐの朝

水槽がきれいです。前日に最後の餌やりをしてから時間が経っているため水の濁りが少なく、清々しい水中感を楽しめます。自然光を取り入れている水槽であれば、晴れた朝の爽快感は格別。水槽のアクリルに人の指紋などがまだついていなくてきれいということもあります。

「名古屋港水族館」でのひとコマ。シャチが近寄ってきてくれて感激！

また、水槽の生き物が人に興味を持って近づいてきてくれる確率が高いのもこの時間帯。イルカやペンギン、アシカ、アザラシなどの海獣が狙い目です。

閉館前の夕方

夕方は、朝の利点である「生き物が寄ってきてくれる」ことはあまり期待できません。一日中、たくさんの人間に観察されてお疲れの生き物は残念ながら寝ていることもあります。ですが、ショーの最後の時間が終わった後はトレーニングを行っていることが多く、生き物とトレーナーの絆を感じる瞬間を目撃できたりする可能性が高いです。

館内の水槽の多くも給餌時間なので、生き物たちの食事風景を見てみたい方はぜひ閉館前の時間帯を狙ってみてください。

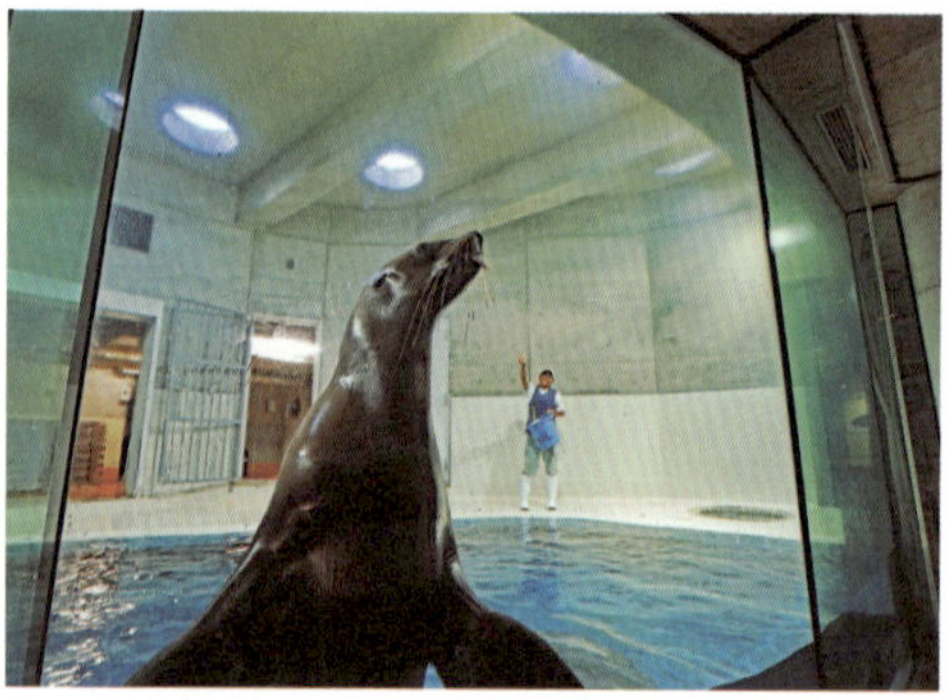
「うみたまご」閉館前のこの日、最後の給餌とトレーニングを独り占めできた

水族館に行くのが久しぶりの方は、何時に行くにしても所要時間は多めに見積もったほうがいいでしょう。「1時間くらいかな？」と思った方は2時間と、おおむね倍の時間でスケジュールを組むことをおすすめします。

Chapter 3

学んで楽しめる個性派水族館

鶴岡市立加茂水族館

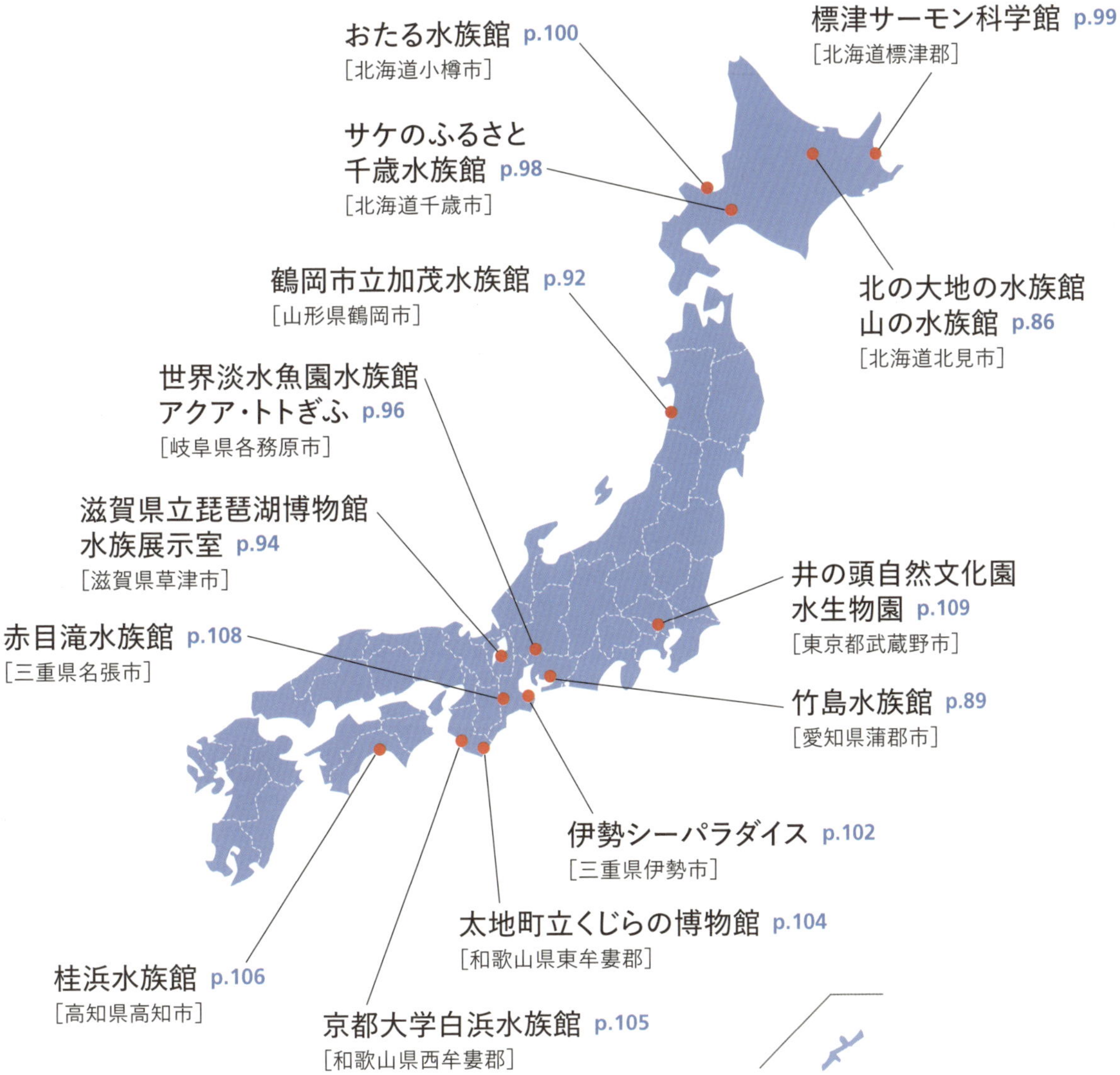

標津サーモン科学館 p.99
[北海道標津郡]
おたる水族館 p.100
[北海道小樽市]
サケのふるさと千歳水族館 p.98
[北海道千歳市]
北の大地の水族館 山の水族館 p.86
[北海道北見市]
鶴岡市立加茂水族館 p.92
[山形県鶴岡市]
世界淡水魚園水族館 アクア・トトぎふ p.96
[岐阜県各務原市]
滋賀県立琵琶湖博物館 水族展示室 p.94
[滋賀県草津市]
井の頭自然文化園 水生物園 p.109
[東京都武蔵野市]
赤目滝水族館 p.108
[三重県名張市]
竹島水族館 p.89
[愛知県蒲郡市]
伊勢シーパラダイス p.102
[三重県伊勢市]
太地町立くじらの博物館 p.104
[和歌山県東牟婁郡]
桂浜水族館 p.106
[高知県高知市]
京都大学白浜水族館 p.105
[和歌山県西牟婁郡]

滝の下に群れたオショロコマを見上げる「滝つぼ水槽」

卵塊を守るエゾサンショウウオ

北海道にだけ残るニホンザリガニ

北の大地の水族館
（山の水族館）

Aquarium of North Earth

［北海道］

滝壺を見上げる水槽

入館してまず目に飛び込んでくるのが青色が美しい半トンネル型の「滝つぼ水槽」だ。瀑布によって頭上には白泡が立ち、オショロコマの群れが激流を踊るように泳いでいる。滝壺を下から眺めるという自然界では不可能な視点が面白く、躍動感あふれる展示はいつまでも観ていたくなる。オショロコマはイワナの仲間で日本では北海道にのみ分布する。

冬には凍りつく四季の水槽

水族館がある留辺蘂《るべしべ》地区は冬にはマイナス20度を下回ることもある道

北海道の川の断面を再現した水塊、北の大地の「四季の水槽」

世界で唯一、厳寒期には結氷の水中が観察できる

サケの遡上時期にはカラフトマスもお目見え

内屈指の極寒地。その寒さを利用して凍りついた川の流れを観せてくれるのが「四季の水槽」だ。世界初の画期的な展示で、氷の下でじっと寒さに耐えて泳ぐ魚たちの姿に命の力強さを感じる。ぜひ真冬に訪ねて観覧してほしいが、夏には勢いのある急流の様子が再現されているなど、四季折々に自然の表情が楽しめる。

他にも、1メートル超のイトウたちが悠々と泳ぐ水槽、アマゾンの巨魚たちの水槽、渓流をジャンプしながら遡上する魚たちが観られる「川魚のジャンプ水槽」など、小さな水族館だが見どころは多い。

スタッフが採取し、展示しているトミヨ

イトウの住む北海道の湖を再現。白樺の木が水没している

1メートル超！
日本最大のイトウに会える

よく泳ぐニューギニアのブタバナガメ

イトウが命を追って食べる食育イベント「いただきますライブ」

アマゾン川のレッドテールキャットフィッシュ

アマゾンの巨魚ピラルクー。美しいのは温泉の飼育水の効用

北の大地の水族館（山の水族館）
☎0157-45-2223
北海道北見市留辺蘂町松山1-4
https://onneyu-aq.com/

営 9:00〜17:30　※入館は17:10まで
休 4月8日〜14日、12月第2月曜〜金曜、12月31日、1月1日
料 大人・高校生670円、中学生440円、小学生300円
電 JR「留辺蘂」駅から道の駅おんねゆ温泉行きバス約20分、終点下車徒歩2分
車 旭川市街から国道39号線で約1時間50分
P あり

竹島水族館

Takeshima Aquarium

［愛知県］

タカアシガニの大水塊

1962年建築の建物で営業を続けてきた竹島水族館は、館長自ら「ショボ水」と自虐するほど古くて小さな水族館だったが、2024年10月に増築してリニューアルした。もはや「ショボ水」とは呼べない立派な水族館である。

リニューアルの目玉となったのが「深海大水塊」水槽だ。竹島水族館がある蒲郡市は古くから深海漁が盛んで、とりわけ世界最大のカニであるタカアシガニが有名。「深海大水塊」にはタカアシガニが何匹も展示されていて、照明に浮かび上がる大きな姿形は迫力満点。下から見上げて観察できるコーナーもある。

飼育員が水槽に潜ってタカアシガニや魚たちに手渡しで餌をあげる潜水ショー「深海モグモグタイム」も

裏に回ればタカアシガニのお腹が頭上に！

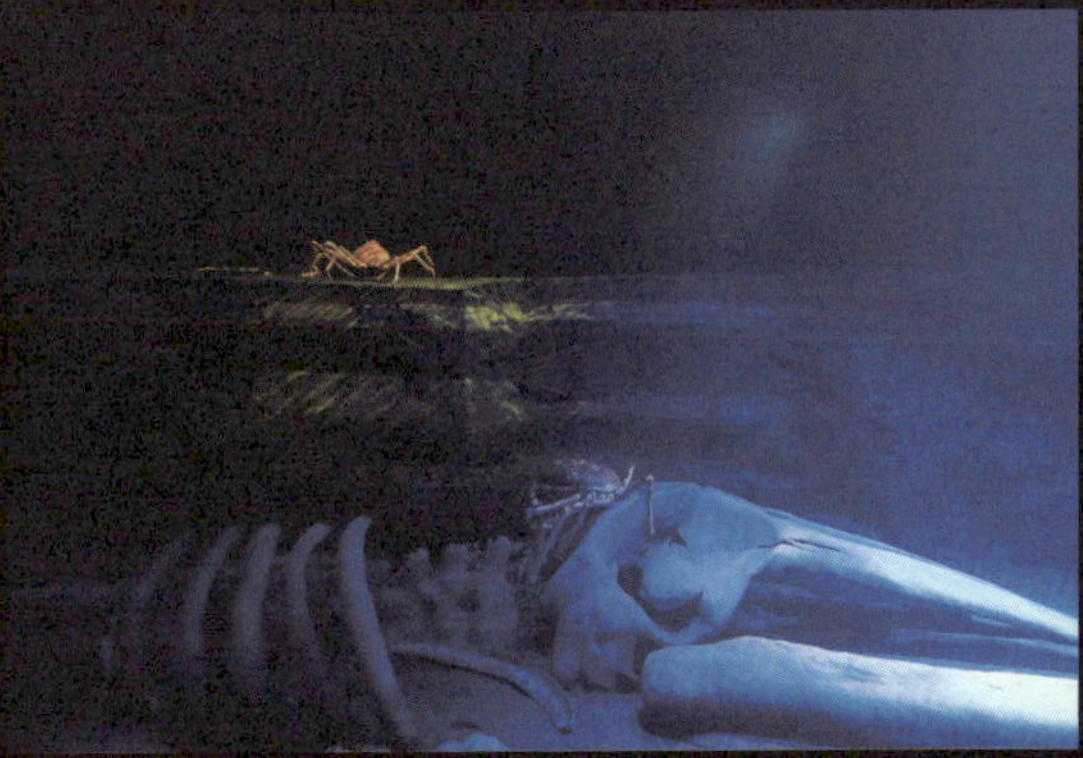

日本最大級の深海水槽「深海大水塊」

増築リニューアルして
ショーも展示もパワーアップ！

3メートルを超えるタカアシガニが複数展示されている

深海のサンゴ、ヒトツトサカ

深海のイソギンチャクはひっそり妖艶に揺れる

食べてもおいしいミドリフサアンコウ

オオグソクムシは人気キャラ。「さわりんプール」ではタッチもでき、お土産グッズも多い

行っている（土曜11時30分〜）。水温が低い深海の水槽でのショーを観られるのはおそらく世界でここだけだ。

深海生物種では日本一

深海生物の展示種類は日本一を誇り、多くの水槽で貴重な生き物たちを見ることができるが、注目は「さわりんプール」。いわゆるタッチプールだが、オオグソクムシやイガグリガニなど深海生物にさわれるのが珍しく、なんとタカアシガニにもタッチできる。

屋外エリアで会えるカピバラやアシカ、オットセイ、コツメカワウソも人気。

手描き解説の面白さで有名になった水族館

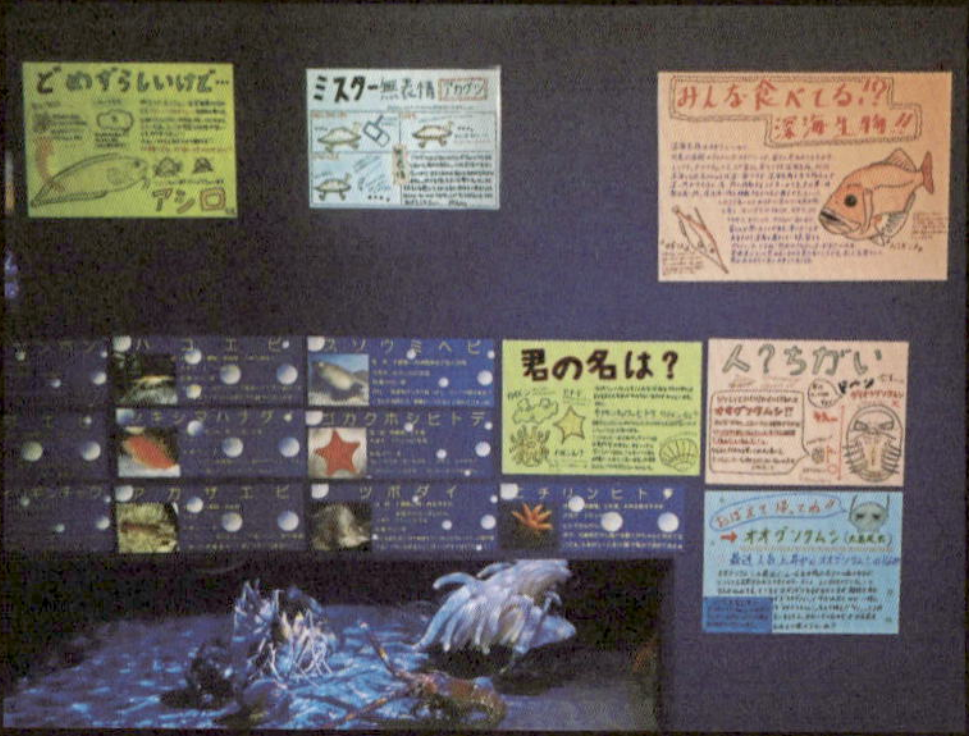

「さわりんプール」は
深海のタッチング
巨大タカアシガニも！

ウツボの展示の仕方が独特で人気

サンゴ礁の海に生息するスザクサラサエビ

ゴンズイの群れが
海草の間をめまぐるしく泳ぐ

コツメカワウソはよく目の前にやってくる

緑の茂る自然環境の中でカピバラは自由に過ごしている

竹島水族館

☎0533-68-2059
愛知県蒲郡市竹島町1-6
https://www.city.gamagori.lg.jp/site/takesui/

営9:00～17:00
※入館は閉館の30分前まで
休無休　※6月にメンテナンス休館あり
料大人・高校生1,200円、4歳以上から中学生500円
電JR東海道本線または名鉄蒲郡線「蒲郡」駅から徒歩約15分
車東名高速道路「音羽蒲郡」ICから約15分
Pあり（周辺観光施設との共用）

ショーの合間のオタリアはよく泳いでいる

鶴岡市立 加茂水族館

Tsuruoka City Kamo Aquarium

［山形県］

リニューアルが待ち遠しいクラゲ展示

愛称「クラゲドリーム館」。庄内の海や川の生物を紹介する水槽展示や、アシカやアザラシの展示も行っているが、愛称のとおり加茂水族館といえばクラゲ。飼育種類数と個体数は世界一を誇り、常時約80種類ものクラゲを展示している。飼育・繁殖、水槽開発の技術も高く、世界中の水族館関係者や研究者が学びに来るほどで、クラゲに関しては他の追随を許さない。

なかでも圧巻のクラゲ展示は「クラゲドリームシアター」水槽だ。直径5メートルの円形水槽に約1万匹のミズクラゲが静かに浮遊し、幻想的かつ宇宙的な光景に目が釘付けに

コティロリーザ・ツベルクラータ

カブトクラゲの一種

プロカミア・ジェリー

クラゲ展示は世界一！ 人気の〝クラゲドリーム館〟

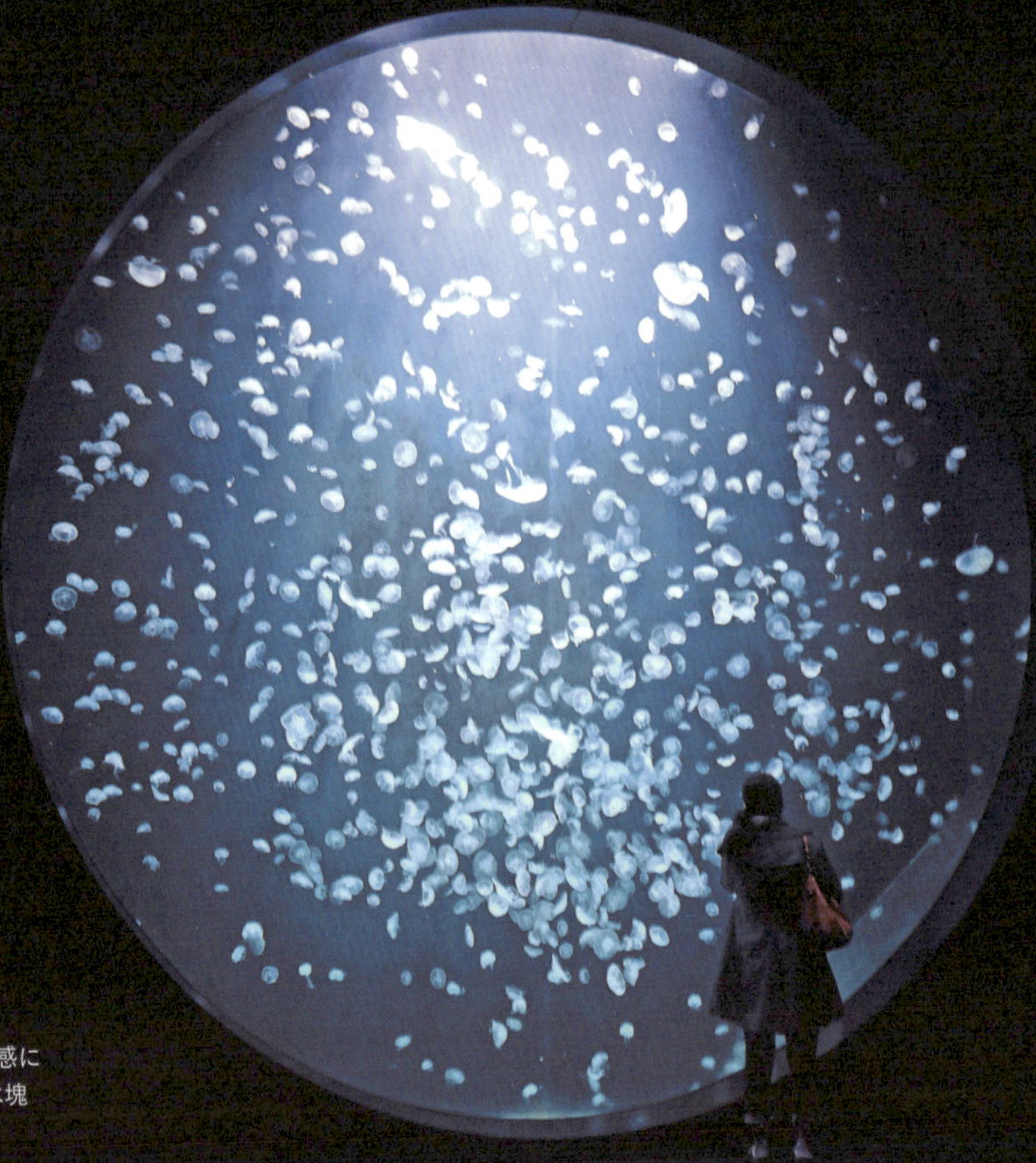

ミズクラゲの浮遊感に誘われる巨大な水塊

なる。

　そんな加茂水族館だが、さらなる魅力アップのため2025年11月から約5カ月間全面休館してリニューアル工事を行うそうだ。クラゲ展示エリアを拡張し、展示種類数は現在の約80種から100種を目指すというから驚く。完成を楽しみに待ちたい。

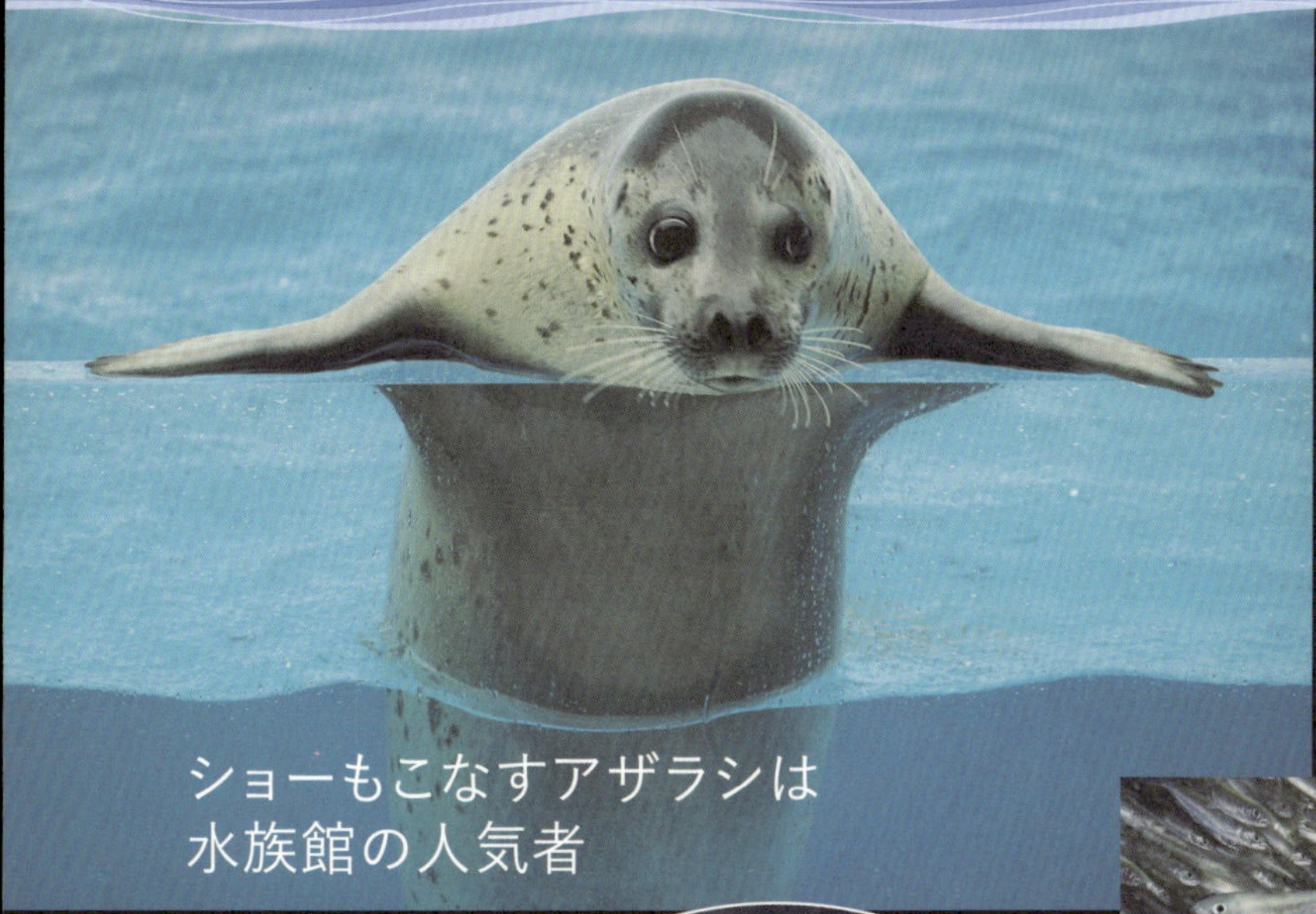
ショーもこなすアザラシは
水族館の人気者

冷たい日本海の
マダラ

シロザケの稚魚。近隣の川にはサケが遡上する

能登半島以北の日本海に分布するコイボイソギンチャク

アメマスはイワナの亜種で山形県では一生を川で過ごす

鶴岡市立加茂水族館
☎0235-33-3036
山形県鶴岡市今泉字大久保657-1
https://kamo-kurage.jp/

営 9:00～17:00　※入館は閉館の1時間前まで
休 無休
料 大人・高校生1,500円、小・中学生500円、幼児無料
電 JR「鶴岡」駅から湯野浜温泉行き（加茂経由）バスで約40分「加茂水族館」下車すぐ
車 山形自動車道「鶴岡」ICから約15分
P あり

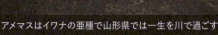

琵琶湖の歴史と自然
そして人との関わりを展示

エメラルド色に輝く水塊は、琵琶湖沿岸のヨシ原を再現している

イワトコナマズは琵琶湖固有種で高級食材

川の渓流に住むナガレヒキガエル

ニゴロブナは滋賀県の名物、鮒寿司の材料となる

滋賀県立 琵琶湖博物館 水族展示室

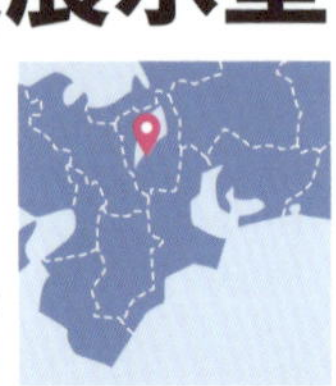

Lake Biwa Museum
［滋賀県］

琵琶湖とその周辺文化を知る

日本最大の湖、琵琶湖は古代湖と呼ばれる湖の一つで400万年もの歴史を持つ。琵琶湖博物館は、琵琶湖のすべてを体感し学ぶことがコンセプトの総合博物館だ。

　水族展示室では、琵琶湖や滋賀県の河川に生息する在来の魚のほぼ全種類、100種類以上の生き物たちを観察できる。日本最大のナマズであるビワコオオナマズや、鮒寿司の材料となるニゴロブナなど琵琶湖には固有種も数多い。

　生き物だけではなく、自然と人間との関わりや文化も紹介していて、特にユニークなのが川魚屋を模したコーナー。さまざまな湖魚料理や食文化を知ることで琵琶湖がぐっと身

ヒゲを揺らして泳ぐアムールチョウザメ

大きいものでは1メートルを超える固有種ビワコオオナマズ

世界の古代湖ゾーンにいるバイカルアザラシ

ビワマスは琵琶湖から川へ遡上する固有種

バイカルヨコエビは
日本で唯一の展示

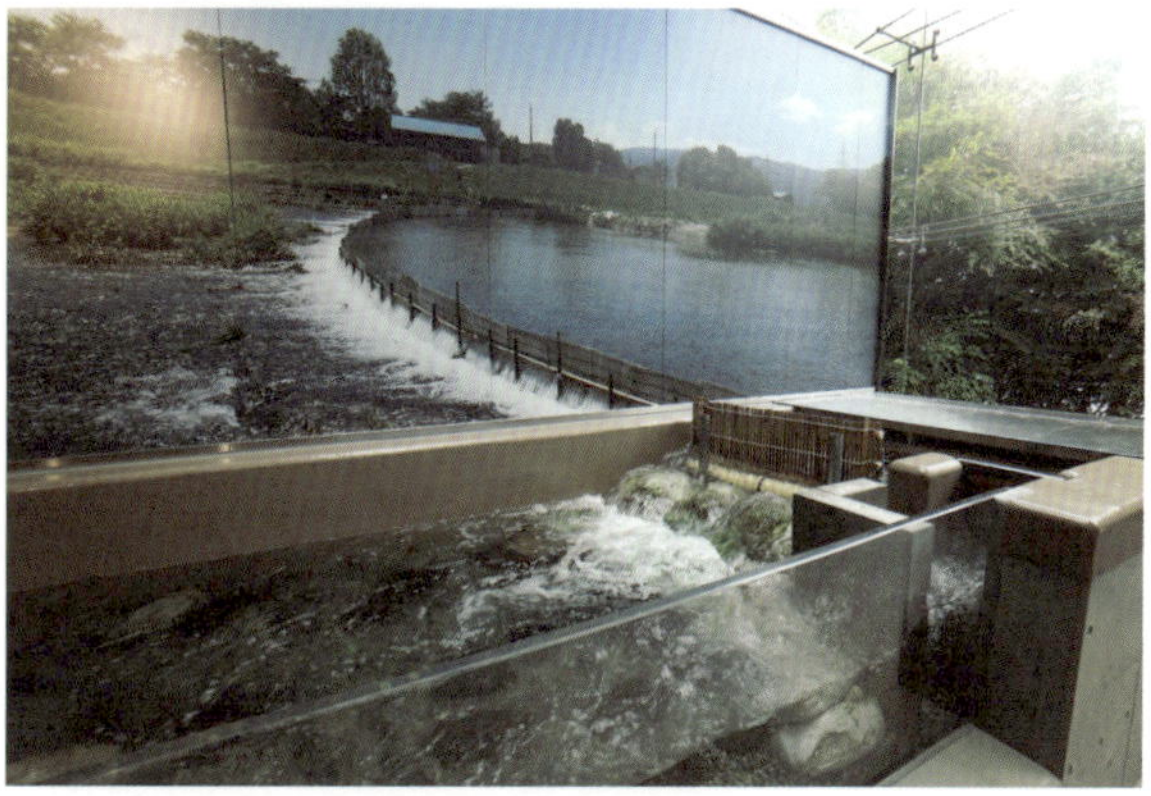
川で行われる梁(やな)漁を再現した水槽

近に感じられる。

世界の古代湖の展示もあり、バイカル湖の展示ではここでは唯一の哺乳動物であるバイカルアザラシを観ることができる。

滋賀県立琵琶湖博物館 水族展示室
☎077-568-4811
滋賀県草津市下物町1091
https://www.biwahaku.jp/exhibition/aqua.html

営9:30〜17:00　※入館は閉館の1時間前まで
休月曜(休日の場合は開館)、その他臨時休館あり
料大人840円、大学生470円、小・中・高校生・18歳未満無料
電JR琵琶湖線「草津」駅から琵琶湖博物館行きバスで約25分「琵琶湖博物館」下車すぐ
車名神高速道路「栗東」ICから約30分
Pあり

琵琶湖ならではの淡水魚専門の魚屋をそっくり再現した展示

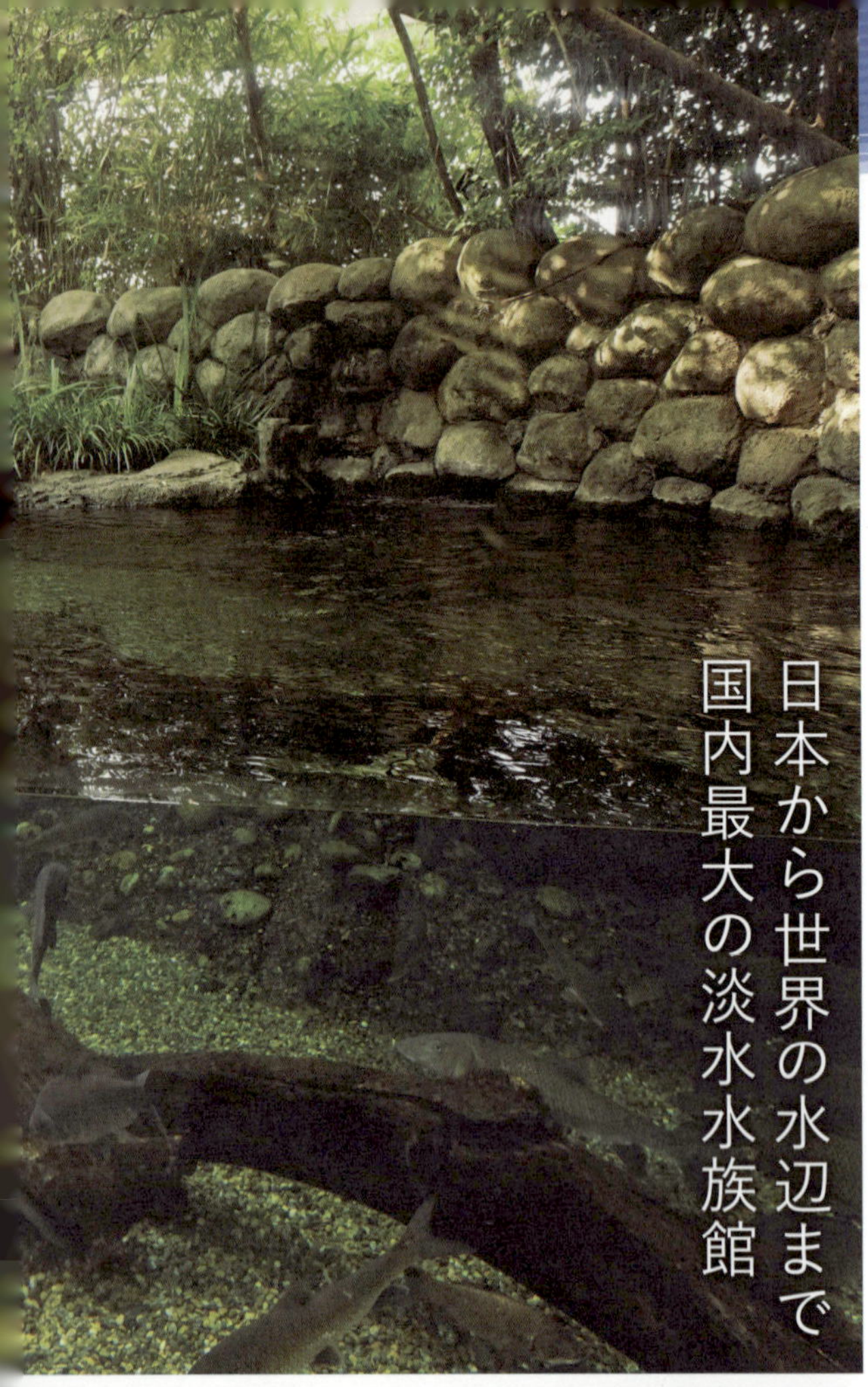

日本から世界の水辺まで
国内最大の淡水水族館

世界淡水魚園水族館 アクア・トトぎふ

Aqua Totto Gifu

［岐阜県］

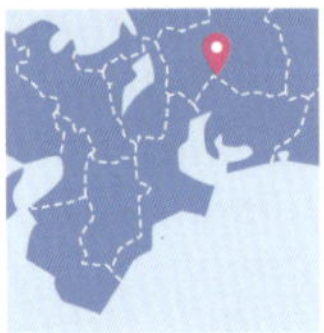

日本の原風景に心和む

アクア・トトぎふは、魚類を中心に爬虫類や両生類、鳥類など水辺の生き物たちを、その生育環境の再現と共に展示する淡水魚水族館だ。

源流から河口までが岐阜県内を流れる長良川の展示から始まる。源流ゾーンには滝や渓谷が再現され、ヤマトイワナやアマゴ、サツキマス、サンショウウオ類などが観察できる。オオサンショウウオが川底に潜み、カワウソが水辺を駆け回る上流から中流ゾーン、そして川幅が少しずつ広がり、水深も深くなる中流から河口ゾーンは昔懐かしい日本の原風景といった趣。石垣などが再現された水面上の景観が川と人の暮らしとの関わりを感じさせる。

世界の川の展示エリアも充実している。メコン川、コンゴ川、タンガニーカ湖、そしてアマゾン川。それぞれに異なる川の表情を楽しもう。

長良川と言えばアユ。鵜飼は鮎漁の漁法でもある

日本固有種のアカハライモリ

源流ゾーンに暮らすサツキマス

長良川上流を見事に再現したサツキマスの住む淵

巨体を揺らめかせて泳ぐ
メコンオオナマズ

揚子江に棲むエンツユイ(右)、コクレン(左)

アマゾン川の巨大淡水魚ピラルクー

長良川沿いの民家や石垣までつくり込んでいるのがすばらしい

カピバラは数少ない哺乳動物

イボに毒を持つ
アズマヒキガエル

ハリヨは湧水に住む。
岐阜は生息地の南限

世界淡水魚園水族館 アクア・トトぎふ
☎0586-89-8200
岐阜県各務原市川島笠田町1453
https://aquatotto.com/

営 9:30〜17:00(平日)、9:30〜18:00(土日祝日) ※入館は閉館の1時間前まで
休 無休 ※臨時休館あり
料 大人1,780円、中・高校生1,400円、小学生900円、幼児(3歳以上)500円、シニア(65歳以上)1,600円
電 名鉄「笠松」駅から岐阜バス笠松川島線で約20分「河川環境楽園」下車すぐ
車 東海北陸自動車道「岐阜各務原」ICから約10分、東海北陸自動車道「川島」PA/ハイウェイオアシスから直接来館可 P あり

海へ向かう頃のシロザケの稚魚たち

支笏湖ゾーンにある大水槽。水草の緑が映える

婚姻色になったカラフトマス

千歳川の水中窓前にシロザケが遡上してきた!

サーモンゾーンには、サケのほかにイトウやチョウザメも見られる

遡上で色づいたベニザケ

6〜7月には大量のウグイの仲間が産卵に集まる

川のサケの遡上を水中窓から観察できる!

サケのふるさと千歳水族館

Chitose Salmon Aquarium [北海道]

自然のままの千歳川が見られる

サケの仲間や北海道の淡水魚を中心に、世界各地のさまざまな淡水生物を展示する水族館。

本物の千歳川の水中を観察できる「水中観察ゾーン」が珍しい。長さ30メートルほどの部屋に縦1メートル横2メートルの7つの窓が設置されていて、四季折々の川の景観が楽しめる。サケの遡上時期には自然のままの産卵行動が観られ、遡上によりボロボロになった体で命がけの繁殖をする姿に心揺さぶられる。

館内の「サーモンゾーン」も大きな水槽が3つ並び、水塊感たっぷり。〝支笏湖ブルー〟と呼ばれる深い碧色の水中を再現した「支笏湖ゾーン」の水槽もきれいだ。

サケのふるさと 千歳水族館

☎0123-42-3001
北海道千歳市花園2丁目312
https://chitose-aq.jp/

営 9:00〜17:00、10:00〜16:00(2月は冬季時短営業) ※入館は閉館の1時間前まで
休 12月29日〜1月1日、1月中旬〜下旬(メンテナンス休館)
料 大人800円、高校生500円、小・中学生300円、幼児無料
電 JR「千歳」駅から徒歩約15分
車 道央自動車道「千歳」ICから約15分
P あり

標津サーモン科学館

Shibetsu Salmon Science Museum［北海道］

日本唯一の魚道水槽にカラフトマスが遡上してきた

「サケの町」でサケ科魚類を堪能する

魚道水槽から最後の跳躍

シロザケも遡上で婚姻色に色づいている

海水大水槽のアメマス。海水魚や降海型の魚と会える

チョウザメの仲間がたくさんいる

ふ化したばかりのシロザケ

歯のないチョウザメに咬まれる指パク体験はぜひ挑戦を

チョウザメ「指パク」体験に挑戦

標津は北海道内でも有数のサケ水揚げ量を誇る。標津サーモン科学館ではサケ科魚類を中心に標津周辺の海や川に暮らす魚たちを大小多数の水槽で展示している。

標津川の魚道を館内にまで引き込んだ「魚道水槽」ではサケのライフサイクルに合わせ、季節ごとに遡上（9〜10月）、産卵行動（11月）、稚魚の群泳（2〜5月）を観察できる。

体験コーナーも充実していて、人気は「チョウザメ『指パク』体験」。買い餌を使って、チョウザメに指をパクッとくわえてもらう体験だ。見ていると怖いが、実はチョウザメは歯がないので痛くない。ぜひ挑戦してみよう。

標津サーモン科学館
☎0153-82-1141
北海道標津郡標津町北1条西6丁目1番1-1号　標津サーモンパーク内
https://s-salmon.com/

営 9:30〜17:00　※入館は閉館の30分前まで
休 無休(5月〜10月)、水曜(2·3·4·11月、水曜が祝日の場合は翌日)、12月〜1月冬期休館
料 大人・高校生650円、小・中学生200円、幼児・シニア(70歳以上)無料
電 JR「釧路」駅から釧路羅臼線・釧路標津線バスで約2時間30分「標津バスターミナル」下車徒歩約20分
車 釧路市から国道272号線で約2時間　P あり

おたる水族館

Otaru Aquarium

［北海道］

北海道の大自然に包まれる海を仕切った豪快プール

暖流が通っているため、南方系のサメやエイなども地元で漁獲される

ドーナツ水槽ではオオカミウオが泳いでいる！

貴重なネズミイルカ。複数展示はここだけ

海獣好きにはたまらない

荒れる日本海を臨む海岸沿いに位置し、海を仕切っただけの豪快なプールでアザラシやトドが暮らす「海獣公園」が面白い。飼育されているメスのトドを目指して、野生のオスのトドが堤防を乗り越えて入ってきてしまったというエピソードもあるほど大自然とそのまま繋がったエリアとなっている（そのため冬季営業期間中は閉鎖されてしまうので注意）。

最大6頭のトドたちが同時に飛び込むトドショー、トレーナーの指示を無視しまくるペンギンショーなど、海獣公園で観られるショーも豪快かつ大らか。愛嬌たっぷりのセイウチも人気者だ。アザラシは4種類約50頭もいて、飼育数も断トツ日本一。

館内の展示も魅力的だ。ネズミイルカを飼育展示しているのは世界的にも珍しく、複数いるのは日本ではここだけ。必見である。

イトウやオヒョウなど北海道ならではの大型魚類の展示も充実している。

水族館のアイドル、フウセンウオ

芸達者なセイウチ
長いキバがキュート

巨体のトドたちの息の揃ったパフォーマンス

トドが大きなサケを丸呑み。「鮭は飲み物」

アゴヒゲアザラシ。
海獣公園にはアザラシの仲間が多い

美しく真っ赤に染まったベニザケ

巨大なシロチョウザメ

おたる水族館

☎0134-33-1400
北海道小樽市祝津3丁目303番地
https://otaru-aq.jp/

営 9:00～17:00(3月15日～10月15日)、9:00～16:00(10月16日～11月24日)、10:00～16:00(12月中旬～2月下旬冬季営業)　※2025年度の場合。GW、お盆などは営業時間の変更あり。入館は閉館の30分前まで
休 2月下旬～3月中旬、11月下旬～12月中旬
料 大人・高校生1,800円、小・中学生700円、幼児(3歳以上)350円
電 JR「小樽」駅からおたる水族館行きバスで約25分
車 札樽自動車道「小樽」ICから約20分　P あり

フンボルトペンギンのショー

「雪中散歩」をする
ジェンツーペンギン

伊勢 シーパラダイス

Ise Sea Paradise

［三重県］

海獣も魚類も間近でふれあえる

海獣たちが観客の目の前に現れる柵なしふれあいショーの元祖。近年、全国の水族館で取り入れられているショースタイルだが、やはり元祖は迫力が違う。他館よりもさらに近く感じ、まさに距離感ゼロ。巨大なトドに恐怖を感じて泣き出す子どもがいるほどだ。運がよければセイウチの闘魂注入を体験できるかも。

ゴマフアザラシにタッチして写真も一緒に撮れたり、ツメナシカワウソと握手したり、ふれあいイベントを多数行っている。海獣とのふれあいやショーは屋外の「海獣広場」が会場だが、館内でもタツノオトシゴを指に巻きつけたり、トビハゼを手に乗せたりのふれあい体験が楽しめる。

動物との距離感ゼロ 元祖ふれあい水族館

セイウチがお尻を叩く「闘魂注入・厄払い」

至近距離で見るキバに興奮

2本足で立つのが得意

ツメナシカワウソと握手。「カワウソ握手」の元祖がこれ

水の中も大得意

トドは間近でよく吠える

伊勢シーパラダイス
☎0596-42-1760
三重県伊勢市二見町江580
https://ise-seaparadise.com/

営9:30〜16:30　※季節により異なる
休無休　※メンテナンス休館あり
料大人・高校生2,100円、小・中学生1,000円、幼児(4歳以上)500円、シニア(65歳以上)2,000円
電近鉄「鳥羽」駅から宇治山田駅前行きバスで約12分「夫婦岩東口」下車すぐ
車伊勢自動車道「伊勢」ICから約8分
Pあり

イルカがお客にボールを投げてきてキャッチボール！

遊び疲れたら「海底ごろりんホール」でひと休みしよう。回遊水槽前に設けられた空間でテーブル型水槽を眺めながら座ったりごろごろしたりと、くつろぐことができる。

国内有数の大きさを誇るワニガメ

トビハゼを手に乗せるふれあい体験も

館内をお散歩するペンギンたち

大水槽の前で
魚を観ながら
座っても
寝そべってもOK！

大水槽の主ギンガメアジの群れ

捕鯨発祥の地で
クジラを学び、楽しむ

リアス式の入江をバックに息の合ったジャンプ

シロナガスクジラの骨格レプリカの前で行われるイルカショー

上・この辺りの高級食材クエ
下・ドチザメの仔魚

アルビノのバンドウイルカ

トンネル水槽ではイルカが挨拶に来てくれる

太地町立くじらの博物館
☎0735-59-2400
和歌山県東牟婁郡太地町
太地2934-2
https://www.kujirakan.jp/
営 8:30～17:00
休 無休
料 大人・高校生1,800円、小・中学生900円、幼児（同伴のみ）無料、シニア（70歳以上）1,700円
電 JR「太地」駅から太地町営じゅんかんバスで約10分「くじら館前」下車すぐ
車 紀勢自動車道「すさみ南」ICから約50km
P あり

丸顔でのんきものの
ネコザメ

セミクジラの実物大の模型と古式捕鯨のジオラマ

太地町立 くじらの博物館

Taiji Whale Museum
［和歌山県］

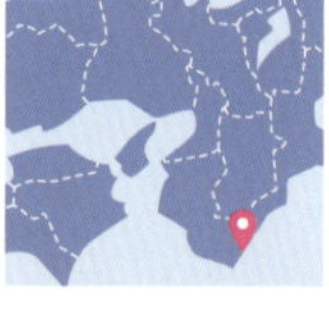

世界的に珍しい ゴンドウイルカのショー

捕鯨の歴史や文化を紹介する博物館と、鯨類を中心に展示やショーを行う水族館の要素を併せ持った施設。

リアス式海岸の入り江を区切った自然プールにイルカやクジラたちが泳いでいる。このエリアで観られるゴンドウだけのクジラショーは必見。世界的に珍しいショーであるのに加え、大自然を背景にした開放感はここでしか味わえない。桟橋からの餌あげ体験、カヤックに乗って間近でクジラを観察する体験などふれあいイベントも行っている（有料）。

小型の鯨類と珍しいアルビノのバンドウイルカをトンネル水槽などから観察できる「海洋水族館マリナリュウム」も見逃せない。

京都大学 白浜水族館

Shirahama Aquarium, Kyoto University.［和歌山県］

ストイックな解説ツアーも人気

京都帝国大学理学部附属瀬戸臨海研究所の水槽室を、昭和天皇臨幸一周年を記念して1930年に公開したことが始まりという古い歴史を持つ水族館。

白浜周辺に生息する無脊椎動物と魚類を展示し、カニやヒトデ、ロウニンアジなど約500種の生物を観察できる。観覧スペースは第1水槽室から第4水槽室まであって水槽の数も多い。

春・夏・冬休み期間には研究者と飼育係が日替わりで担当する解説ツアーを行っている。大学の講義のようなマニアックな解説を聴けるのはここならではだ。

赤色が鮮やかなヒメフエダイ

稀少なオオカワリギンチャク。白浜沖の水深40mに群生地がある

白浜に棲む生き物を展示する大学の臨海実験所水族館

体色どおりのムラサキヒトデ

岩陰が好きなナミマツカサの真っ赤な群れ

中央のドーナツ水槽にはマアジの群れの周遊

ジュウジキサンゴの群生

太い棘のノコギリウニ

京都大学白浜水族館
☎0739-42-3515
和歌山県西牟婁郡白浜町459
https://www.seto.kyoto-u.ac.jp/shirahama_aqua/
営 9:00～17:00
※入館は閉館の30分前まで
休 無休
料 大人・高校生600円、小・中学生200円、幼児（未就学児）無料
電 JR「白浜」駅から明光バス町内循環線で約20分「臨海」下車すぐ
車 紀勢自動車道「南紀白浜」ICから約16分　P あり

最初の大水槽ではギンガメアジの群れが迎えてくれる

SNSで大バズり！
名勝「桂浜」にある水族館

この水族館の顔ともいえるアカメ。本当に目が赤く光っている

ウミガメには1回100円でエサやりができる

これだけのアカメ個体がいるのは桂浜水族館だけ！

桂浜水族館

Katsurahama Aquarium

［高知県］

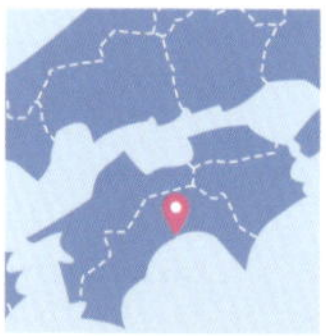

愛称は「ハマスイ」

高知を代表する名所として知られる桂浜の中央で、明るい土佐の海と美しい砂浜を臨んで建つ。１９３１年創立と歴史も古い水族館なのだが、近頃はとんでもなく個性的なＳＮＳでの投稿が注目され、一風変わった

海水魚コーナーにはナンヨウツバメウオが

アシカと見つめ合うコツメカワウソ

トレーナーに抱っこされて安心しきった顔のアシカ

トレーナーと仲がいい トドにほっこり

スッポンまでもがくつろいでいる風情

トドはショー中に観客席まで入ってくる

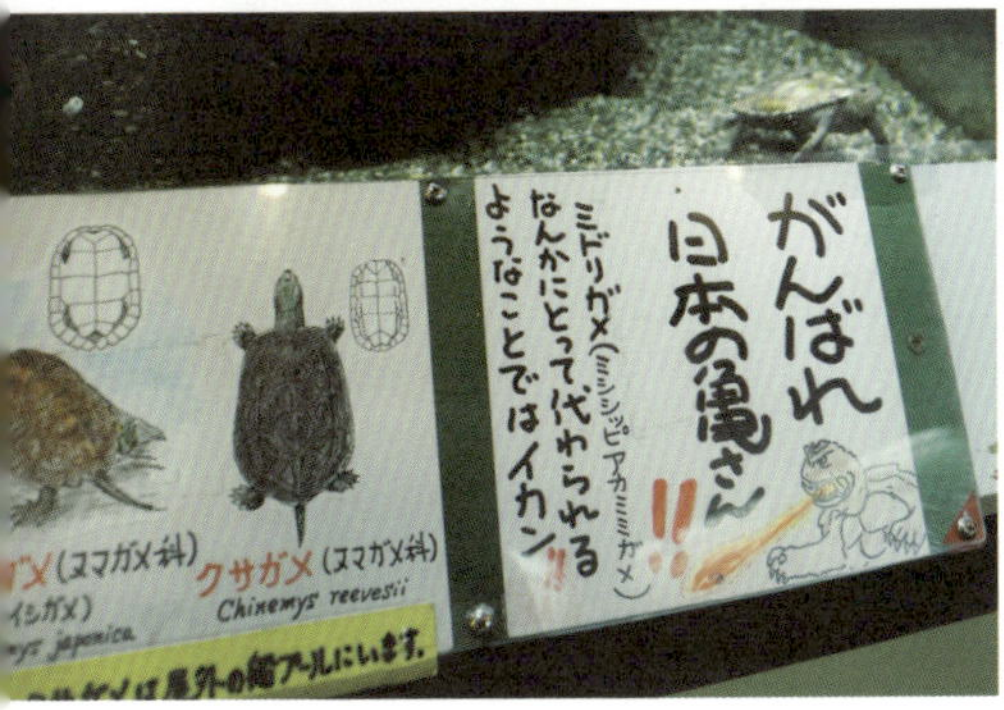

味のある解説に読みふける人は多い

切り絵で描かれた魚名板に感動する

オオウナギが餌に釣られて首を出す

水族館として人気を集めている。公式マスコットキャラクター「おとどちゃん」を見れば、「ハマスイ」のぶっ飛び具合がよくわかるだろう（インターネットで検索してみてください）。

しかし、水族館の展示はしっかりとしている。施設の大半を占める屋外エリアでは、トドやアシカ、オットセイ、カピバラ、ペンギン、コツメカワウソなどに会える。たいていの動物にエサやりもできるので、ぜひ間近でふれあいたい。

館内で目を引くのはアカメの展示。目を赤く光らせた大きなアカメが水槽にぎっしりと並んでいて迫力がある。アカメは四万十川などの河口で生まれているとされ、土佐湾全域に生息している。

桂浜水族館
☎088-841-2437
高知県高知市浦戸778 桂浜公園内
https://katurahama-aq.jp/

営 9:00～17:00
休 無休
料 大人・高校生1,600円、小・中学生600円、幼児（3歳以上）400円
電 JR「高知」駅から桂浜行きバスで約30分
車 高知自動車道「高知」ICから約30分
P 市営桂浜公園駐車場を利用

赤目渓谷は日本産オオサンショウウオの聖地

赤目滝水族館

Akame Waterfalls Aquarium

［三重県］

赤目四十八滝の
清涼な渓谷美
ハイキングつき水族館

呼吸の時には浮かんでくる

顔を出してきたら小さい目を探そう

野生のサンショウウオと会うことも

赤目滝の渓谷に棲むナガレヒキガエル

館長自慢のタウナギの土筆展示

水系の本流に生息するアマゴ

渓谷全域が水族館

大小の滝が連なる名勝、赤目四十八滝の入口に建つ旧・日本サンショウウオセンターが２０２４年「赤目滝水族館」に生まれ変わった。オオサンショウウオをはじめ渓谷内に生息する両生類やコケ類などを展示し、渓谷の多様な生態系を紹介している。

水族館を出て5分ほど歩けば不動滝に到着する。滝を繋ぐ回遊路は約3・3キロメートルで、赤目四十八滝のすべてを楽しんでも往復3時間程度だ。桜、新緑、紅葉と四季折々の森の中を歩く爽快感は格別。渓谷ハイキングも水族館の一部として楽しみたい。来館時は歩きやすい靴を履いていこう。

赤目滝水族館
☎0595-63-3004
三重県名張市赤目町長坂861-1
https://akame-aquarium.com/

営 8:30～17:00（3月第2金曜～11月30日）、9:00～16:30（12月1日～3月第2木曜）
休 12月28日～12月31日、1月～3月第2週までの木曜（祝日の場合は営業）
料 大人・高校生1,000円、小・中学生500円 ※渓谷保全料として
電 近鉄「赤目口」駅からバスで約10分「赤目滝」下車
車 名阪国道「針」ICから約30分、「上野」ICから約40分　P あり

水中で狩りをするカイツブリに感動する

井の頭
自然文化園
水生物園

Inokashira Park Zoo

［東京都］

都会の公園で身近な水辺の生き物に出会う

苔の上にさまざまな種類のカエルが集う

水中に棲むクモ、ミズグモの展示もある

水草の下を泳ぐニホンイシガメ

可愛い水草の下にはドジョウ

今ではすっかり見かけなくなったゲンゴロウ

カイツブリの展示に注目

日本産淡水魚を中心に、両生類や昆虫など淡水の水辺の生き物を幅広く展示する。水槽の環境表現もつくり込まれていて、青々とした水草などの植物が目に優しい。静かな日本の水辺の風景に心和む落ち着いた水族館だ。

他の水族館ではあまり見かけない水鳥のカイツブリの展示がいい。カイツブリは一年を通して井の頭池にも生息しているが、水槽展示だからこそ潜った姿を観察できる。ペンギンのように飛ぶようなスマートな泳ぎではなく、弁足と呼ばれる特徴的な脚指を器用に使って潜水する。

井の頭自然文化園 水生物園
☎0422-46-1100
東京都武蔵野市御殿山1-17-6
https://www.tokyo-zoo.net/zoo/ino/

営 9:30～17:00
※入園は閉園1時間前まで
休 月曜（祝日や都民の日の場合は翌日）、12月29日～1月1日
料 大人・高校生400円、中学生150円、小学生以下無料、シニア（65歳以上）200円
電 JR「吉祥寺駅」から徒歩約10分
車 中央自動車道「高井戸」ICから約5km
P 井の頭恩賜公園有料駐車場を利用

50音順さくいん

都道府県別さくいん

監修／**中村　元**（なかむら・はじめ）

1956年三重県松坂市生まれ。成城大学卒業後、鳥羽水族館に勤務。企画室長として鳥羽水族館リニューアルを手がけ副館長を務めた後に独立。新江ノ島水族館（神奈川）、サンシャイン水族館（東京）、北の大地の水族館（北海道）など多くの水族館のリニューアルを手掛け、魅力的な最新の展示を開発し続けている。滋慶学園COMグループ名誉学校長ならびに北里大学学芸員コースで博物館展示論を講義。

文章／**今福貴子**（いまふく・たかこ）

1976年神奈川県生まれ。編集者・ライター。著書に『カクテル手帳』（上田和男監修、東京書籍）など。

自然のままの生き物と新しい感動に出会う
日本全国厳選水族館38

2025年 4月25日　初版第1刷発行

［監修］　中村　元
［編集発行人］　小出裕貴
［発行・発売］　株式会社大洋図書
〒101-0065　東京都千代田区西神田3-3-9　大洋ビル
電話　03-3263-2424（代表）

［装丁・本文デザイン］　若菜 啓
［写真］　中村 元
［企画］　有限会社ディー・クリエイト　西垣成雄
［校正］　宮崎守正（ディー・クリエイト）
［編集］　田中智沙
［印刷・製本所］　株式会社シナノ

Printed in Japan　ISBN 978-4-8130-7633-9　C0076